零基础学 AI设计 堆友、稿定设计 一本通

宋夏成 编著

化学工业出版社
·北京·

内容简介

《零基础学 AI 设计：堆友、稿定设计一本通》聚焦 AI 设计工具，为设计领域带来革新。本书不仅详细介绍了堆友 AI、稿定设计等实用工具，涵盖其界面布局、功能分区及特色工具应用，如堆友 AI 的 AI 商品图像处理、AI 设计、AI 特效等，还深入讲解了 AI 反应堆的高级功能，包括经典生图、WebUI 生图模式等。书中通过大量丰富且具代表性的案例，如圣诞节电商促销海报设计、节日海报设计、电商营销海报设计等，让读者在实践中掌握 AI 设计技巧。通过学习本书，读者可快速上手 AI 设计工具，激发创意灵感，在竞争激烈的设计领域脱颖而出，创作出更具吸引力和竞争力的设计作品。

本书可供自媒体人、电商从业者、专业设计师阅读学习，可以作为他们的案头书，也可作为职业院校设计类专业的教材使用。

图书在版编目（CIP）数据

零基础学AI设计 ：堆友、稿定设计一本通 / 宋夏成编著. -- 北京 ：化学工业出版社，2025. 11. -- ISBN 978-7-122-48857-2

Ⅰ. TB21-39

中国国家版本馆CIP数据核字第20251U3U01号

责任编辑：雷桐辉
文字编辑：蔡晓雅
责任校对：刘曦阳
装帧设计：王晓宇

出版发行：化学工业出版社
（北京市东城区青年湖南街 13 号　邮政编码 100011）
印　　装：北京瑞禾彩色印刷有限公司
787mm×1092mm　1/16　印张 17½　字数 435 千字
2026 年 2 月北京第 1 版第 1 次印刷

购书咨询：010-64518888　　售后服务：010-64518899
网　　址：http://www.cip.com.cn
凡购买本书，如有缺损质量问题，本社销售中心负责调换。

定　　价：98.00元

Preface 前言

亲爱的读者，您好！欢迎您翻开这本关于人工智能（AI）设计的专业书籍。在本书中，我们将探讨设计师如何借助 AI 工具来加速设计流程、提升工作效率，并激发创意灵感。

本书精心编排，共分为 5 篇，包含 13 章。它不仅从理论角度深入解析 AI 的工作原理，还通过实战案例，详细拆解商业设计案例的制作过程，旨在帮助读者全面而深刻地理解 AI 工具对设计行业的深远影响，并掌握实用的工作技能。

第 1 篇，包括第 1 章和第 2 章。第 1 章将带您宏观地了解 AI 在设计、自媒体、电商等行业的主要用途和主流工具，并指导您如何使用本书。第 2 章则专注于介绍我们将在本书中使用的两个工具——堆友 AI 和稿定设计，详细阐述它们各自的功能和应用场景。此外，我们还将为您展示本书中的一些精彩案例。

第 2 篇，包括第 3 章和第 4 章，将深入讲解堆友 AI 的基础功能和 AI 工具箱功能。您将全面了解其原理和使用方法，并学习如何设置各项参数以及理解这些参数的重要性。在这一过程中，我们将一起学习如何利用 AI 进行抠图、一键排版、消除多余内容、制作 AI 特效等。

第 3 篇，包括第 5 章～第 7 章。第 5 章和第 6 章将深入探讨堆友 AI 的核心功能——AI 生图。生图功能包含两种模式：经典生图模式，适合新手入门和日常工作中快速生成素材；更高级的 WebUI 模式，即在线版的 Stable Diffusion，适合在理解经典模式的基础上进一步学习和实践。第 7 章将指导您如何利用堆友的生图功能，制作商业海报，将之前学到的知识融会贯通。

第 4 篇，包括第 8 章～第 11 章，将全面介绍 AI 版式设计工具——稿定设计。这款在线设计工具拥有丰富的设计素材和工具，非常适合设计师用于电商、自媒体、海报等多种物料的设计。

最后，在第 5 篇，我们将通过两个章节——第 12 章和第 13 章，深度综合地制作多个案例，尽可能全面深入地讲解 AI 设计的内容，包括节日海报的设计原则、营销海报的视觉传达要点，以及如何运用这些理论来更高效地制作合格的海报。

以上是本书的概览，虽然尽力覆盖设计领域的多个方面，但仍无法涵盖所有内容，敬请读者谅解，并期待本书能为您的设计之旅带来启发和帮助。

编著者

目录 Contents

GENERATIVE AI

第1篇

人工智能
设计工具的力量

GENERATIVE AI

第 1 章
自媒体人眼中的 AI 应用

1.1
AI 效率办公

在当今信息爆炸的时代，自媒体人承担着信息传播与内容创作的重任。随着人工智能技术的飞速发展，AI 已经成为了自媒体人的得力助手，广泛应用于文本创作、图文设计、视频制作以及办公自动化等多个领域。AI 不仅能够大大提高创作效率，还为自媒体人开辟了新的创作思路和工作方式。

图 1-1　ChatGPT 界面

在文本创作领域，AI 的应用尤为突出。自媒体人通常需要快速生产大量内容，而人工智能能够有效解决这一需求。像 ChatGPT、Kimi 和豆包这样的 AI 工具，如图 1-1 ~ 图 1-3 所示，能够在短时间内根据给定的提示或关键词生成高质量的文章、评论或社交媒体帖子。通过自然语言处理技术，这些工具不仅能创作连贯、有逻辑的文本，还能在语言风格和语气上进行微调，使得内容更贴近目标受众的需求。无论是撰写新闻稿、编写产品介绍，还是创作博客文章，AI 都能为自媒体人提供强大的写作支持。尤其是在日常内容创作中，AI 的辅助作用帮助自媒体人节省了大量的时间和精力，从而可以使自媒体人更加专注于内容的深度与创意。

图 1-2　Kimi 界面

图 1-3　豆包界面

在图文设计方面，AI 同样扮演着至关重要的角色。工具如 Midjourney 和 Stable Diffusion 能够根据简短的描述生成高质量的图像或插图，如图 1-4、图 1-5 所示，使得自媒体人在视觉内容创作上拥有更多的灵感和选择。传统的图像设计需要复杂的操作和丰富的设计经验，而 AI 工具的出现极大地降低了入门门槛。自媒体人只需提供关键词或简单的要求，AI 即可自动生成风格各异的图像，满足不同的创作需求。这不仅提升了内容的视觉吸引力，还节省了大量的设计时间。

图 1-4　Midjourney 生成的图像

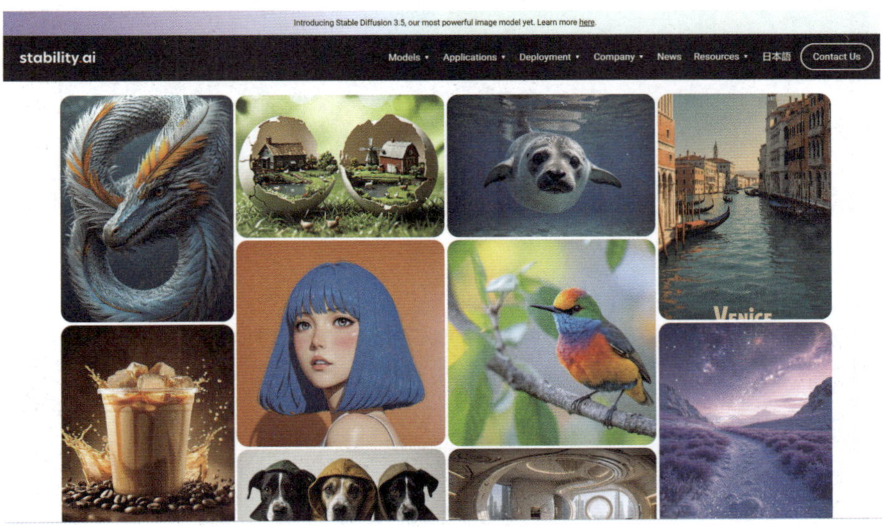

图 1-5　Stable Diffusion 生成的图像

在视频制作方面，AI 工具如可灵、Sora 和 runway 为自媒体人提供了更加高效的创作工具，如图 1-6 ~ 图 1-8 所示。这些工具能够自动分析视频素材并进行智能剪辑，帮助自媒体人快速制作出专业水平的视频内容。比如，可灵和 Sora 在视频的自动剪辑、字幕生成和特效添加方面表现突出，而 runway 则在视频创作的过程中提供了更多的创意元素和编辑功能。这些工具不仅让视频制作变得更加简单，还大大缩短了制作周期，使得自媒体人可以在更短的时间内生产出高质量的视频内容，快速响应受众需求。

图 1-6　可灵 AI首页

图 1-7　Sora 生成的视频

图 1-8　runway 首页

WPS AI 是 WPS Office 套件中的智能工具，旨在提升办公效率，特别是在文档编辑、数据处理和语言翻译等方面，如图 1-9 所示。它能够通过智能写作辅助帮助用户自动检查文本中的语法、拼写错误，并根据用户需求提供风格建议或修改。对于需要快速生成内容的自媒体人，WPS AI 不仅能自动创建报告、总结，甚至进行翻译，还能帮助整理和优化文档结构，提升文档的整体质量和可读性。此外，WPS AI 在数据处理上也展现了强大能力，能够自动识别并分析表格中的趋势，帮助用户快速生成数据报告和可视化图表，使得复杂的数据分析变得更加直观易懂。综合来看，WPS AI 通过智能化的功能，极大地减少了人工操作的时间和精力，让自媒体人在创作和办公过程中更加高效。

图 1-9　WPS AI 首页

随着人工智能的不断发展，未来自媒体人的创作方式将更加多样化，AI 工具将继续推动创作流程的智能化和高效化。通过合理利用这些 AI 工具，自媒体人能够在激烈的竞争中脱颖而出，创作出更具吸引力和影响力的内容。

1.2 为何需要学习本书?

本书的目标读者群体包括新手设计师、学生以及那些对 AI 技术在设计领域的应用充满兴趣的设计从业人员等，如图 1-10 所示。无论你是刚踏入设计行业的新人，还是已经有一定经验的设计师，AI 的出现都能为你带来全新的创作体验。

图 1-10　适合人群

在传统的设计工作流程中，设计师通常需要经历几个步骤：图片素材的搜索、素材整合与设计，以及版式排版设计

图 1-11　传统设计 vs AI 设计

（如图 1-11 所示）。虽然这套流程历经多年锤炼，但其中的缺点也不容忽视。首先，这一过程对于设计师的经验要求较高，创作成熟且有深度的作品往往需要长时间的积累和精细打磨。想要做出一个“看得见”的好作品，设计师不仅要有丰富的设计素养，还要在细节上不断琢磨。此外，寻找素材的过程中，容易陷入“版权困境”——既可能不小心侵犯他人版权，又可能花费大量时间寻找高清无水印的图片。最痛苦的部分也许就是，当你花费数小时精挑细选，最终发现找到的素材并不合适，或者分辨率太低，无法满足设计需求。而且，在排版设计环节，效率较低和重复性高也是设计师常常面临的问题，导致项目往往难以按时完成。

随着技术的进步，当前的创作思路已经迎来了“AI 生图 + 版式设计”的新时代，如图 1-12 所示。这种方式将传统的设计流程进行整合与优化，赋予设计师更强大的工具和更多的创作自由。设计师可以通过 AI 生成高质量的图片素材，只需输入简单的提示语，AI 便能够在几秒钟内根据需求创造出符合要求的图像，避免了反复搜索素材的烦恼。更棒的是，AI 不仅能为设计师提供精准的素材，还能在版式设计过程中提供智能化的布局建议，让设计变得更加高效和轻松。无论是排版、配色，还是图像合成，AI 都能够协助设计师迅速完成大部分工作，让创作过程变得不再烦琐，而是更加灵活和富有创意。

图 1-12　AI 设计

这一转变的优势显而易见：高效、快速、便捷，而且门槛较低。传统设计所需的技能和经验要求得到了很大的放宽，设计师只需要掌握 AI 工具的基本使用方法，就可以轻松创造出专业水准的设计作品。同时，AI 的加入还打破了创作的时间和空间限制，使设计不再是一个高门槛的“专业活”，而是变成了一个人人可为、人人可享的创作过程。设计不再是孤军奋战，而是与 AI 共同合作，带来更加有趣和多元的创作体验。对于新手设计师和学生而言，AI 提供了一个学习与实践的平台，而对于已经在行业中有一定经验的设计师，AI 工具则提供了更加高效的工作方式，让他们能在繁忙的工作中腾出更多的创作空间。

通过这样的转变，设计不再是一个单纯的“手艺活”，而是一个充满可能性与创意碰撞的全新领域。而这，也正是本书所要带给每一位读者的体验：以 AI 为助力，激发设计的无穷创意。

第 2 章
本书工具选择

在本书中，我们特别推荐给读者的两款强大工具——堆友和稿定设计，已经成为现代设计师工作中不可或缺的得力助手。无论你是刚入行的设计新手，还是已经有一定经验的设计师，这些工具不仅能帮助你提高创作效率，还能激发更多创意，快速实现想法。

2.1 堆友

首先，让我们来看看堆友，这款由阿里巴巴集团旗下 Alibaba Design 倾力打造的设计师全成长周期服务平台，如图 2-1 所示。堆友不仅是设计师的工作平台，更像是设计师的全能助手，它围绕品质、效率、技能、成就和收入五大核心用户价值，为设计师提供了一个系统化、个性化的服务体系。你不仅可以通过堆友提升自己的创作技能，还能更高效地管理和展示自己的设计作品，从而加速职业成长。

图 2-1　堆友首页

堆友的一大亮点是其强大的 AI 绘画功能，如图 2-2 所示。无论你是需要写实风格的商业插画，还是想要一幅充满童趣的卡通画，或者你追求的是一幅抽象风格的艺术作品，堆友都能满足你的需求。只需输入关键词或描述，AI 就能根据你的指令，自动生成与之匹配的图像，几秒钟内就能看到效果。对于设计师来说，这种创作方式既省时又能激发灵感，帮助你快速完成创作初稿。再也不用担心素材找不到、灵感枯竭了！

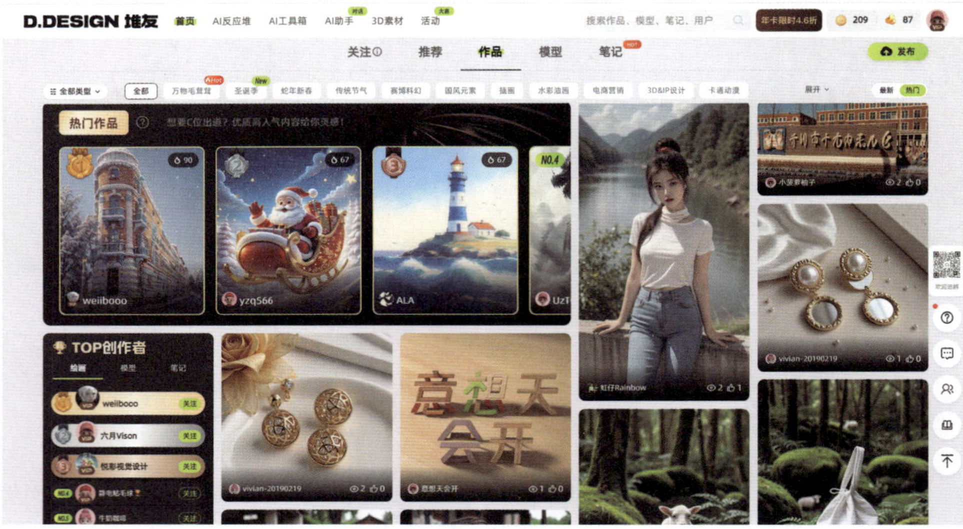

图 2-2　堆友生成的图像作品

另外，堆友的 AI 工具箱也是一大亮点，如图 2-3 所示。比如“顽兔抠图”功能，能够精准地将图片中的人物或物品从背景中抠出，节省了烦琐的手动操作时间；“一键消除”功能则能够自动清除图片中不需要的元素，帮助你迅速优化设计。除此之外，AI 商品图生成和 AI 艺术字生成等功能，能够帮助设计师们轻松制作产品展示图和具有创意的文字效果，大大提高工作效率。

图 2-3　堆友 AI 工具箱

2.2 稿定设计

除了堆友，另一个我们要推荐的强大工具是稿定设计，如图 2-4 所示。稿定设计不仅仅是一个设计工具，它还是一个集创意、便捷、实用为一体的设计平台，专为中小型企业和个人设计师量身定制。它的核心优势在于简化了设计流程，让任何人都可以轻松上手。无论你是需要制作社交媒体宣传图、海报，还是设计企业宣传册，稿定设计都能为你提供丰富的模板和创作灵感，助你轻松完成各种设计任务。

图 2-4　稿定设计首页

稿定设计的界面简洁明了，操作极为简单，即便是没有设计基础的用户，也能通过它快速生成专业级别的设计作品，如图 2-5 所示。平台内有成千上万种模板，涵盖各种设计需求，用户只需选择合适的模板，然后根据个人需求进行微调即可。对于忙碌的设计师来说，这无疑是一项宝贵的资源，可以极大地提升工作效率。

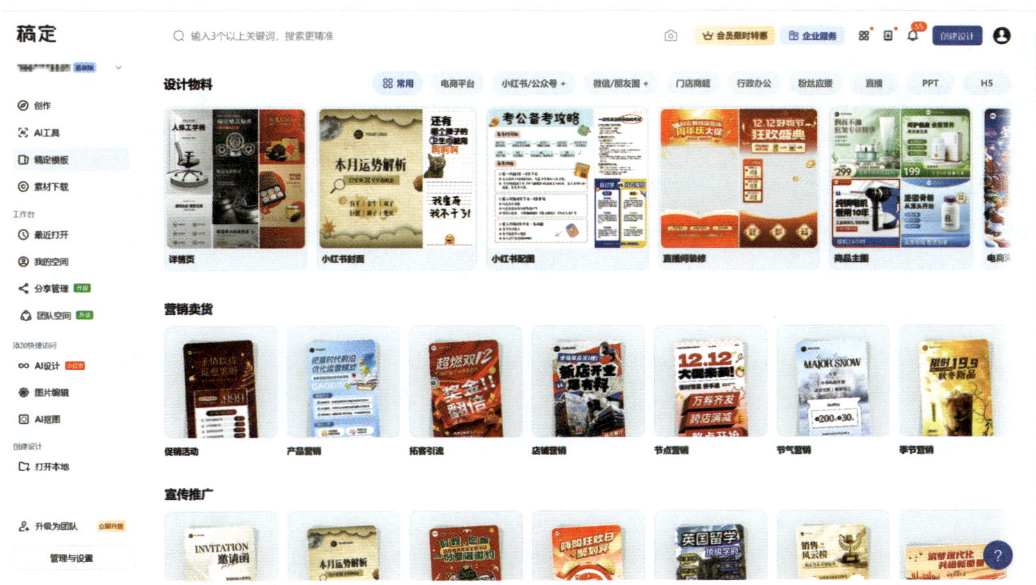

图 2-5　稿定设计模板

更有趣的是，稿定设计还集成了许多 AI 智能功能，如自动化的图形生成、智能文字排版等。这些功能可以大大减少设计师在细节上的投入，使他们能够将更多的精力放在创意和大方向上。此外，稿定设计还支持多人协作，团队成员可以随时在线共享和编辑设计，方便团队协作与反馈，如图 2-6 所示。

图 2-6　AI 设计工具

总结来说，堆友和稿定设计这两款工具，不仅大大提升了设计师的工作效率，还为创意提供了无限可能。从 AI 绘画到智能排版，从素材搜索到一键优化，这些工具的智能化功能能帮助设计师节省大量时间，专注于更具创意性的工作。无论你是追求高效的创作过程，还是希望提升自己的设计水平，这两个工具都值得你试试看。

2.3 本书精彩案例

本书的案例可谓包罗万象，涵盖了自媒体、电商、教育培训、零售等多个行业。从短视频封面到电商爆款商品图，从营销活动的海报设计到品牌促销物料，AI 设计工具已经成为各行各业的“秘密武器”。通过这些丰富多彩的实例，你将发现，原来设计可以这么简单，又可以如此充满创意，如图 2-7 所示。

自媒体人可以用 AI 轻松搞定吸睛的封面图和有趣的社交海报；电商设计师能够迅速生成让人一眼种草的商品图；教育培训行业可以打造更有温度的课程宣传页面；而零售行业则能用 AI 玩出更多品牌营销的“花样”。你甚至会惊叹，AI 怎么懂这么多？好像无论你需要什么，它都能帮你搞定。

所以，带着好奇心和期待，跟随本书一起开启这段 AI 设计的奇妙学习之旅吧！让我们一边玩转工具，一边探索它在各行业中的无穷可能性，轻松搞定从“天马行空”到“精准落地”的创意设计。

Merry Christmas
圣诞快乐
乙
巳
HAPPY NEW YEAR
初三
新春万福 聚财纳福
寄情山海院庭深
共谱万家话团圆
小年朝 合家欢
01/31 正月初三
蛇
年
全场洗护用品 满300减30
植物洁净
香水级留香
自然植萃
开启美肤奇迹
自然美肤水乳套餐
爆品直降
满199减30
ZHUYUN-XIANGBAO
竹韵手提包
竹编风情 包罗万象
YOUR LOGO
更深修护力
不负时光
焕然新生
领券
至高立减
120元
AI设计
MEI ZHUANG
BU FU SHI GUANG

图 2-7　本书案例效果图

GENERATIVE AI

第 2 篇

堆友——面向电商人的 AI 设计平台

第3章 界面布局与功能分区

阿里巴巴的“堆友”是由 Alibaba Design 打造的设计师全成长周期服务平台，如图 3-1 所示。这个平台主要围绕品质、效率、技能、成就、收入五大用户价值来布局其能力，致力于服务设计师，成为设计师的好朋友。堆友集合了海量高品质 3D 素材、实时在线渲染、多元场景功能应用等，并且轻便好学易上手，自带免费可商用属性。

图 3-1　堆友首页

堆友历经大厂设计师团队多轮打磨，为专业设计师、运营工友、学生小白、社交达人提供了一个零成本的在线设计站点和资源库。此外，堆友还提供了 AI 绘画、AI 模型创作、AI 图像和视频处理等功能，服务全球商家更轻松地做好本地市场生意。堆友已经服务了数十万商家，覆盖 50 万设计师。

堆友还推出了“AI 反应堆”功能，帮助设计师、画手、大学生、兴趣爱好者快速生成高质量绘画，支持文生图、图生图和创作社区同款。堆友 AI 反应堆的特色功能包括大厂匠心出品的多风格 AI 绘画生成器，具有零门槛可创作、免费轻松生成、风格多元供需等特点，如图 3-2 所示。

此外，堆友还是一个 3D 资源设计平台，提供了海量的高品质的 3D 素材和在线编辑器，帮助设计师提升 3D 设计能力和效率。堆友的素材都是免费可商用的，支持在线编辑和实时渲染，用户可以轻松地调整道具的角度、颜色、材质等，不需要安装任何软件。

本书将全面剖析堆友的各项功能，并借助本章内容的深入学习，使读者能够迅速掌握堆友在电商领域的应用技巧。通过细致的指导和实践案例，我们将帮助您充分利用堆友平台，提升设计效率，创造更具吸引力的电商视觉内容。

图 3-2　堆友经典生图工作台

3.1
首页内容与布局

下面我们来讲解堆友的界面布局。打开堆友之后，主要分为三个部分：功能、个人账号、热门作品活动。

堆友的首页可以简单区分为以下几个部分，如图 3-3 所示。

① 工作区域页面：在这里可以任意切换至首页、AI 反应堆、AI 工具箱、AI 助手、3D

图 3-3　界面布局分区

素材、活动。

② 活动推广：当前堆友的热门活动。

③ AI 反应堆与 AI 工具箱功能预览：在这里可以快速了解和预览 AI 反应堆与 AI 工具箱的功能。点击后，也可以切换到对应的工作台。

④ 搜索栏：找寻作品、模型、笔记与用户。

⑤ 个人账号信息：可预览个人账号信息，如粉丝数、发布作品数量、被一键同款作品数、获赞和收藏数等。也可以再次找到学习教程。点击该区域，能够切换到个人账号的详细页面。

⑥ 快捷功能与活动：此处会显示堆友当前的热门与重要功能，以及当前的热门活动。

⑦ 社区内容：堆友社区的热门作品与模型。

3.2 菜单栏

在堆友的顶部菜单栏中，显示的是堆友的最核心功能与内容：首页、AI 反应堆、AI 工具箱、AI 助手、3D 素材、活动，如图 3-4 所示。

图 3-4　顶部菜单栏

将鼠标悬浮在“AI 反应堆”上，即可出现次级菜单，里面包含了：经典生图、专业创作 WebUI、工作流模式 ComfyUI、模型训练。这就是堆友的核心 AI 生图功能，如图 3-5 所示。

将鼠标悬浮在“AI 工具箱”上，跳出的次级页面包含了 AI 工具箱的大部分功能：顽兔抠图、一键消除、AI 商品图、鹿班营销图、模特换肤、创意融合、AI 艺术字、高清放大、堆友相机，如图 3-6 所示。点击页面下方的灰色文字“全部工具”可以看到 AI工具箱的所有内容，这一部分我们放到后面讲解。

图 3-5　AI 反应堆

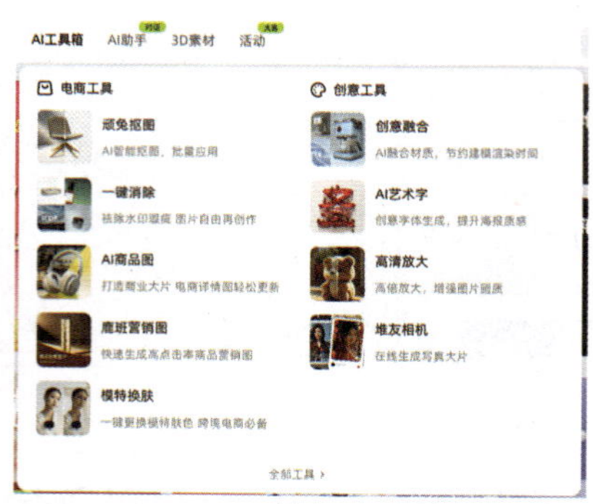

图 3-6　AI 工具箱

AI 助手的次级界面中包含了：AI 助手与智能体。这是一个 AI 对话聊天机器人，针对的是创意总监、设计师、教师群体，如图 3-7 所示。

在 AI 反应堆的预览窗口中，可以看到：文生图、参考风格、AI 造字等特色功能。在 AI 工具箱中，有创意融合、AI 艺术字、高清放大等 AI 工具箱的特色功能，如图 3-8 所示。

图 3-7　AI 助手

图 3-8　AI 反应堆与 AI 工具箱

在特色功能预览的页面中，能看到文生图、图生图、ComfyUI 等功能，以及其他活动推广，如图 3-9 所示。

图 3-9　快捷入口

主页面往下翻阅，可以看到更多的社区热门作品和活动，如图 3-10 所示。

图 3-10　热门作品与活动

GENERATIVE AI

第 4 章 AI 工具箱（特色工具）

4.1 AI 商品图像处理：抠图、消除、高清放大

4.1.1 案例 1: AI 智能抠图

在介绍 AI 生图之前，我们来介绍更为简单和实用的 AI 工具箱功能，这里包含了抠图、营销图设计、创意融合等特殊功能。相比“AI 反应堆”来说，更容易上手，用途也比较广泛。点击下方灰色的“全部工具”，跳转到 AI 工具箱的页面，如图 4-1 所示。

图 4-1　AI 工具箱

在这里展现了 AI 工具箱中的所有内容。我们依次介绍，如图 4-2 所示。

图 4-2　AI 工具箱详情页

顽兔抠图可以用来快速去除商品图的背景。点击以后，就可以跳转到它的工作台页面，如图 4-3 所示。

图 4-3　顽兔抠图

相比起 AI 反应堆的工作台，AI 工具箱的工作台界面要更加简洁，如图 4-4 所示。

AI 工具箱工作台可以分为如下几个部分，如图 4-5 所示。

① 顶部菜单；

② 当前使用的 AI 工具与历史记录；

③ 上传素材图片区域；

④ 其他 AI 工具；

⑤ 立即抠图按钮；

⑥ 新手教程与生成结果区域。

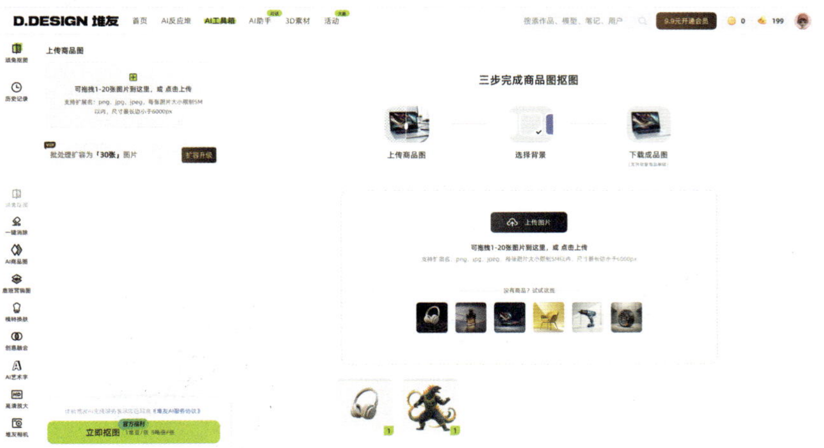

图 4-4　AI 工具箱工作台

图 4-5　AI 工具箱工作台分区

如果没有合适的图片素材，在生成结果区域，可以找到堆友预设的一些素材图片，如图 4-6 所示。预设的内容可以方便快速地让我们了解该功能的用法。建议第一次使用的用户使用该功能。

点击以后，左上角的上传商品图的下方，可以看到这张参考图，如图 4-7 所示。

图 4-6　参考图

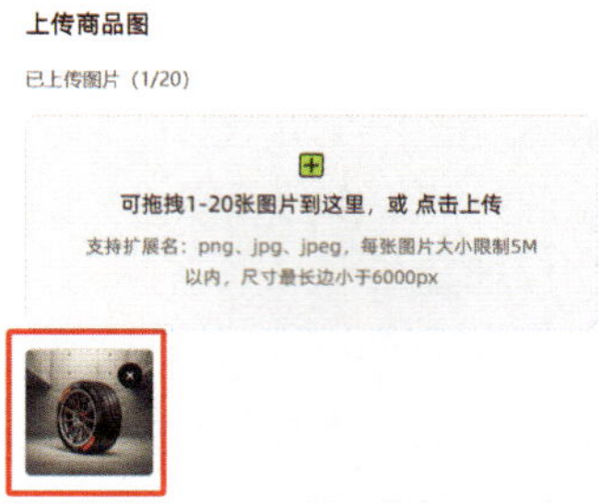

图 4-7　上传商品图

点击下方的“立即抠图”按钮，即可完成抠图，如图 4-8所示。

图 4-8　立即抠图

等待 AI 处理一段时间，如图 4-9 所示。

抠图结束后，图片的背景是透明的，在图片右侧的工具栏中，可以点击“精细抠图”按钮，进一步处理抠图的区域，如图 4-10 所示。

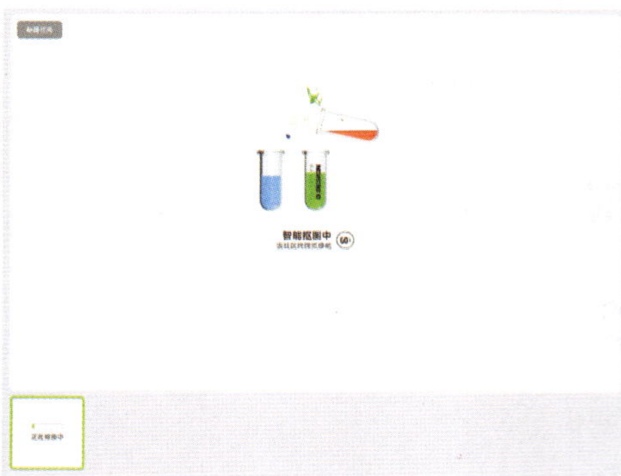

图 4-9　等待界面

图 4-10　精细抠图

在精细抠图的页面中，可以看到左侧是原始图像，右侧是抠图结果。这里有画笔、橡皮、修复的抠图工具，如图 4-11 所示。

图 4-11　精细抠图工作台

在预览背景色的区域，默认选择的是灰白相间的格子背景，代表透明。还可以在这里将背景色修改为白色、灰色和黑色，如图 4-12 所示。

画笔工具有两个作用：保留和去除，如图 4-13 所示。意味着画笔涂抹的区域可以是保留，也可以设置为去除该区域。

图 4-12　更换背景色

图 4-13　画笔工具（一）

保留的区域涂抹颜色为绿色，去除的区域涂抹颜色为红色，如图 4-14 所示。

图 4-14　画笔工具（二）

“橡皮”用来擦除图像。也是用涂抹的方式，去除需要清理的部分，如图 4-15 所示。

图 4-15　橡皮工具

“修复”可以用来还原被去除的背景部分。点击“完成抠图”按钮，可返回到图片预览画面，如图 4-16 所示。

图 4-16 完成抠图

抠图结束以后，可以在右侧更换背景颜色，使用图片缩放与旋转等内容，如图 4-17 所示。

图 4-17 更换背景色

商品图处理的下方，可以镜像、翻转图像，如图 4-18 所示。

对于处理好的图片，还能进行“再加工”操作。点击这个按钮，就可以跳转到“再加工”页面，如图 4-19 所示。

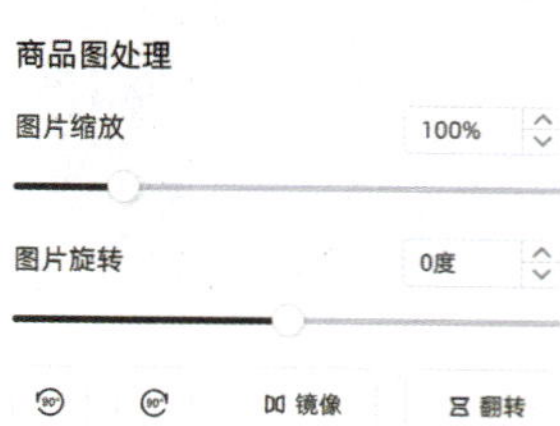

图 4-18 商品图处理

图 4-19 再加工操作

4.1.2　案例 2：AI 智能商品添加场景

去除背景的商品图片，可以快速添加我们需要的场景图，或者将其变换为营销图。于是，堆友会跳转到 AI 工具箱的“AI 商品图”的工作台，对图片进行进一步的加工。选择第一个背景，点击下方的“继续加工”按钮，如图 4-20 所示。

图 4-20　继续加工

此时会跳转到“AI 商品图”的工作台，如图 4-21 所示。

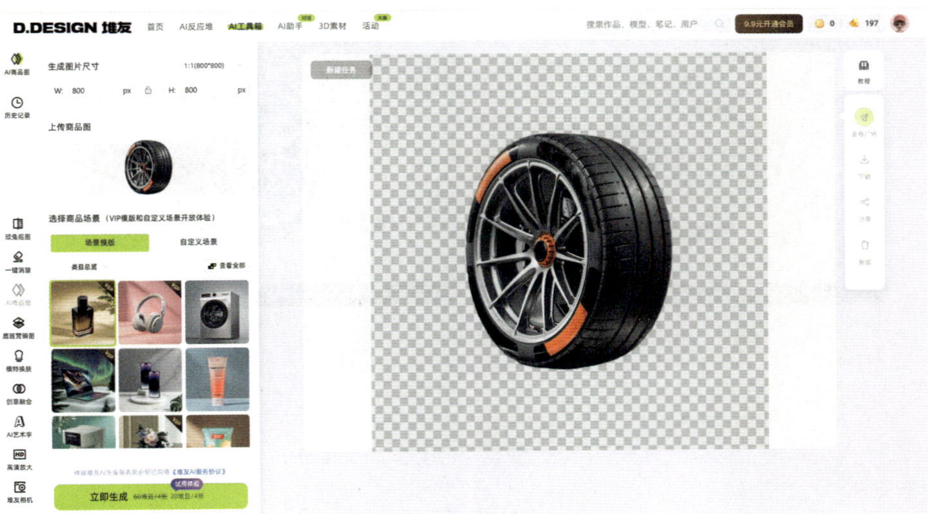

图 4-21　AI 商品图工作台

等待 AI 生成相关内容，如图 4-22 所示。

此时，AI 就给我们添加了丰富且逼真的背景图，同时还添加了阴影。并且一次性生成了 4 张相似但不同的方案，供我们挑选，如图 4-23 所示。

左侧的栏目中，上传商品图这一栏会出现抠图完成的图片，如图 4-24 所示。

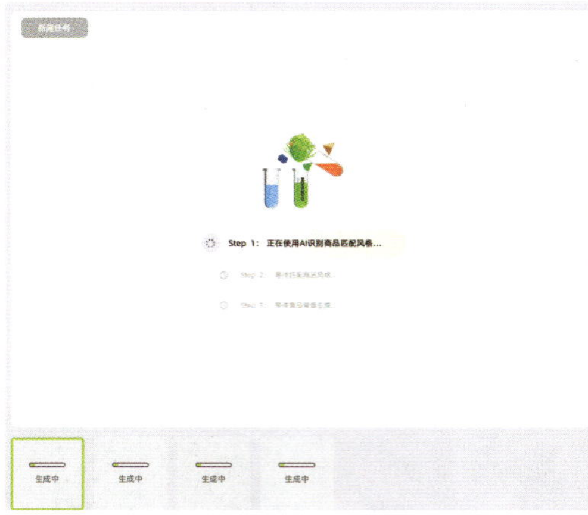

图 4-22　等待页面

图 4-23　相似备选方案

在下方，可以挑选其他更多的场景模板，如图 4-25 所示。

也可以切换到“自定义场景”，在这个模式下，可以自行上传场景图片，也有官方预设的推荐，如图 4-26 所示。

点击“自定义”面板，可以上传一张 10MB 以内的素材图，如图 4-27 所示。并且，可以设定自定义场景参考图的可变程度。

图 4-24　抠图完成

图 4-25　场景模板

图 4-26　自定义场景

现使用“预设推荐”中的一张背景图内容，如图 4-28 所示。点击下方的“立即生成”按钮。

此时，AI 会将这张背景图和我们的商品图自然融合，如图 4-29 所示。同样地，一次性给了我们 4 个备选方案。

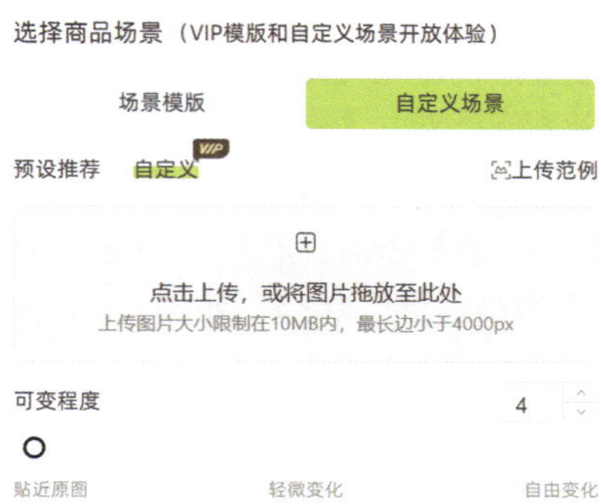

图 4-27　素材图

4.1.3　案例 3：AI 消除图片多余信息

下面我们来介绍“一键消除”功能，这个功能也可以在“AI 工具箱”的左侧工具栏中找到，如图 4-30 所示。这个工作面板和之前介绍的“顽

图 4-28　预设推荐

图 4-29　背景融合

图 4-30　一键消除工作台

免抠图”十分类似，左侧用来上传要处理的图片，右侧则是显示内容。若还没有内容，右侧则显示新手教程和素材图。

可以在左侧看到“一键消除”的主要功能：消除水印、消除 Icon、消除牛皮癣、消除文字。默认状态下都是勾选的状态，如图 4-31 所示。我们也可以单独去除某一部分内容。

右侧提供了若干预设好的素材图片，每一张素材图都包含了不同类型的水印文字，如图 4-32 所示。选中其中的一张打开。

在左侧点击下方的“立即生成”按钮，如图 4-33 所示。

图 4-31　一键消除作用范围

图 4-32　选择预设参考图

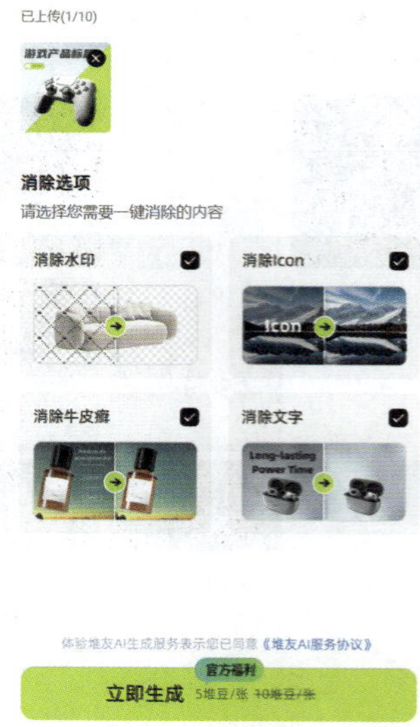

图 4-33　立即生成

AI 会立刻将图片中的文字内容全部去除，并且保留其他的内容与细节，如图 4-34 所示。

去除水印的图片，可以在图片的右侧工具栏中，点击“再次编辑”按钮，如图 4-35 所示。

跳转到工作台后，可以手动（更为精确）的方式，修改需要去除的区域，如图 4-36 所示。并点击下方的“开始消除”按钮，完成操作。

图 4-34　生成完成

图 4-35　再次编辑

图 4-36　开始消除

4.1.4　案例 4：AI 高清放大

下面我们来介绍 AI 工具箱中的“高清放大”功能，这个功能可以通过 AI 处理，将低分辨率的图片升级到更高的分辨率，如图 4-37 所示，最高支持 16 倍高清。

我们上传一张图片，选择 9 倍高清模式，点击“立即放大”按钮后，可以得到一张高清图片，如图 4-38 所示。

图 4-37　高清放大

图 4-38　立即放大

下面我们来对比一下升级图片（左）和原始图片（右）的分辨率差异，如图 4-39 所示。

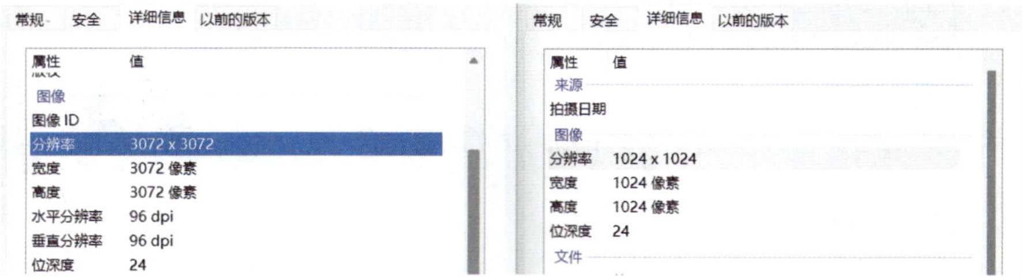

图 4-39　分辨率差异

升级后的图片如图 4-40 所示。

4.2
AI 设计：商品图、营销图

4.2.1　案例 1：商品图制作（抠图与背景融合技术）

下面我们来了解 AI 工具箱中的“AI 设计”的内容，包含了商品图和营销图两个工具，如图 4-41 所示。首先我们来了解 AI 商品图。

图 4-40　升级的图片

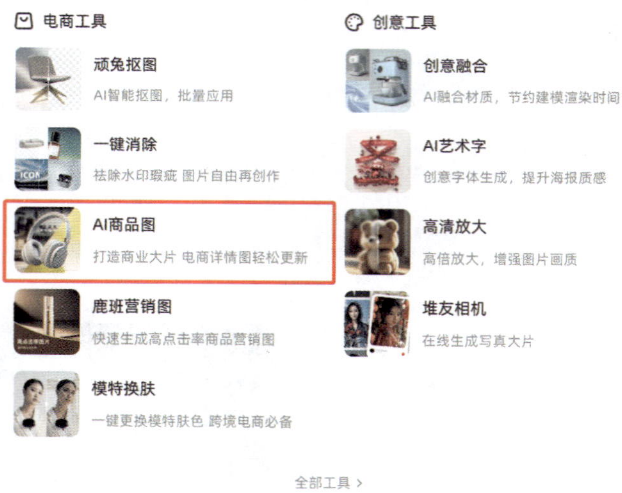

图 4-41　AI 商品图

AI 商品图可以给一个背景纯净的商品图添加背景，如图 4-42 所示，这样的图可以用来放在详情页等地方，作为商品展示素材。

三步使用该功能，第一步准备好纯净背景的商品图，最好是透明背景的商品图，如图 4-43 所示。第二步，选择或上传合适的产品图。第三步，AI 融合商品图与场景。在这里，我们可以任意选择预设好的一张图片，本案例选择了一把木质椅子。

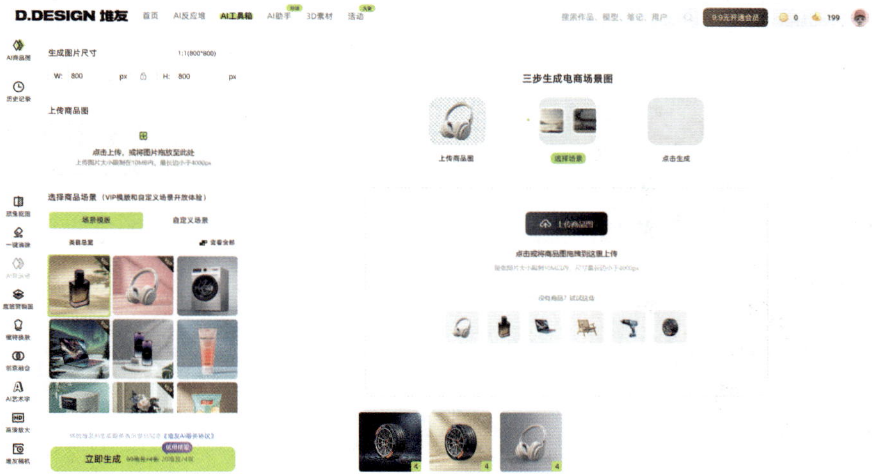

图 4-42　AI 商品图工作台

图 4-43　预设图片

这是一张背景透明的木质椅，上传完成后，就可以在下方的“场景模板”中挑选合适的场景，如图 4-44 所示。

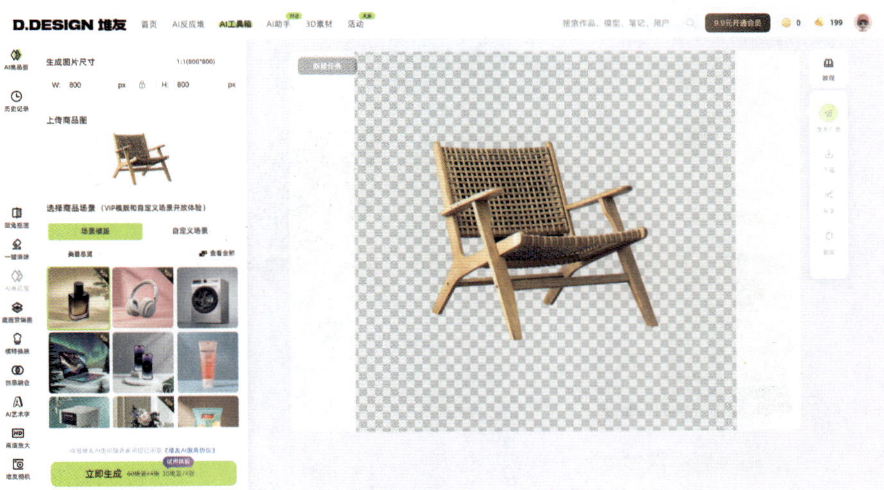

图 4-44　场景模板

图 4-45　立即生成

我们选择一张同样带有椅子的场景，点击“立即生成”按钮，如图 4-45 所示。

默认设置下，AI 一次性给我们生成了 4 张图，如图 4-46 所示。其中有一些图是有瑕疵，或者不合理的，可以剔除。有时候，并不是每一次生成的图都能够让人满意，需要多次生成调整参数，找寻适合自己需求的参数。

下面再来挑选另外一个场景，测试一下 AI 是否能够很好地融合这一把木质椅子，如图 4-47 所示。

下面是 AI 生成的效果，如图 4-48 所示。

AI 也有失误的时候，比如将这把椅子放入室内环境，比例过大，构图显得很拥挤不真实，如图 4-49 所示。所以，AI 生成的图像还需要审查。

如果挑选的不是很合适的场景，AI 也能生成内容，如图 4-50 所示，不过这也能创造出一些有趣的效果。

图 4-46　挑选结果

图 4-47　融合场景

图 4-48　生成效果

图 4-49　不真实的效果

如图 4-51 所示，这张图虽然不适合常规的广告，但是它却是比较有创意的。这也是 AI 工具奇妙的地方，我们有时候认为“不合理”的情况，可能更有创意效果，但这种创意效果是否适合用在我们的工作中，就需要结合实际情况了。

图 4-50　选择场景

图 4-51　融合场景

4.2.2　案例 2：一键制作多款营销图（AI 智能排版）

下面我们来介绍与 AI 商品图配合的“AI 鹿班营销图”，如图 4-52 所示。这些功能其实都环环相扣，比如之前提到的“AI 抠图”就和“AI 商品图”能够紧密地配合在一起，也能和“AI 鹿班营销图”配合。AI 抠图可以为它们提供纯净的商品素材图。

图 4-52　AI 鹿班营销图

点击左上角加号，添加一张背景透明的商品图，如图 4-53 所示。如果没有的话，可以先使用“AI 抠图”得到一张。

在本地选择这张图片进行上传，如图 4-54 所示。

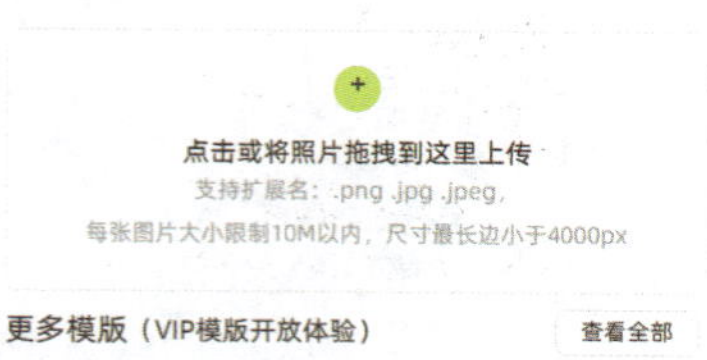

图 4-53　AI 抠图

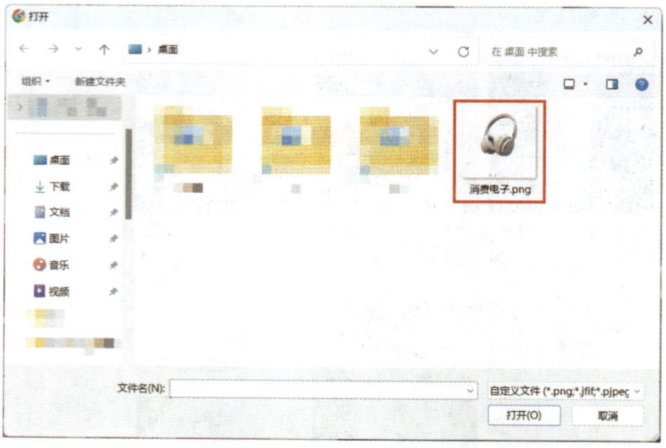

图 4-54　选择本地图片

上传完成后，还可以对这张图进行手动抠图，如图 4-55 所示。

图 4-55　手动抠图

选择下方的第一个模板，再点击“立即生成”按钮，如图 4-56 所示。

此时，AI 会根据我们上传的商品图素材生成两张营销图，并且根据商品图内容，生成一张背景图，如图 4-57 所示。

除此之外，还能对这张营销图中的内容进行修改，如图 4-58 所示。比如图中的文字内容、素材大小等。

图 4-56　立即生成

图 4-57　生成背景图

图 4-58　调整内容细节

另外，在界面的右侧，还会有专门的属性栏，可以调节被选对象的属性，比如当前选择的是文本框，我们就可以修改文本内容、文字样式、行间距、字间距、颜色等，如图 4-59 所示。

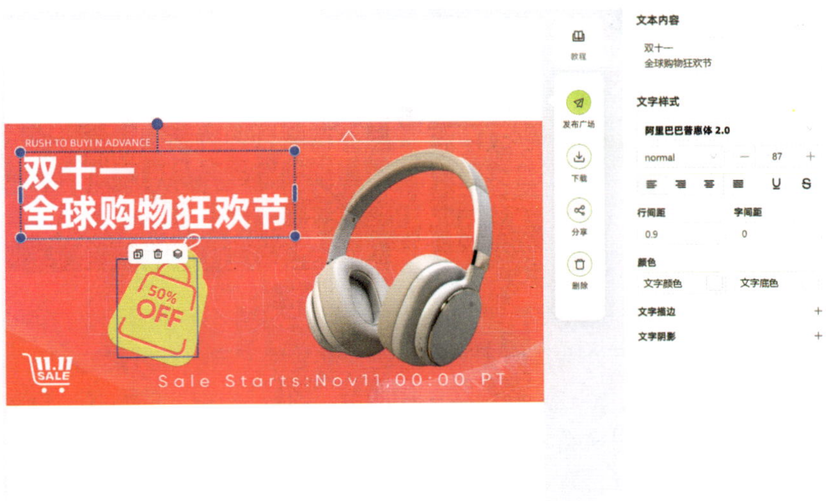

图 4-59　相关属性

比如，在文字描边中添加 30 粗度的深蓝色描边，如图 4-60 所示。

图 4-60　文字描边

下面再选择另外的一个模板，在让 AI 生成之前就能预览大致的效果，如图 4-61 所示。注意，此时并不是完整版，因为背景目前还是透明的状态，AI 还没有制作。

图 4-61　预览效果

此时可以点击左下方的“立即生成”按钮，等待片刻，如图 4-62 所示。

AI 帮我们生成了两个备选方案，可以在下方切换，如图 4-63 所示。这两个方案差别不是很大，但是在背景的细节处会有所不同，此时只需要根据自身喜好挑选即可。

在作品的右侧工具栏中，点击“分享”按钮，可以将作品以链接的方式，分享给其他人，让接收方只需要打开链接即可查看内容，如图 4-64 所示。

分享页面可以修改作品名称，也能看到作品的更多信息，比如作品来源、模板营销风格、模板类目、分辨率等，如图 4-65 所示。

图 4-62　立即生成

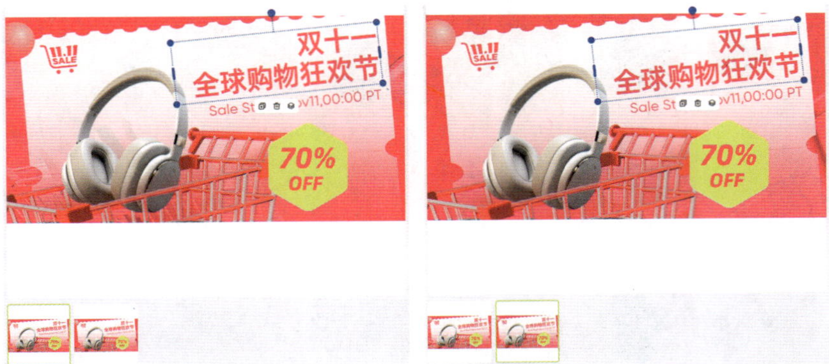

图 4-63　不同的效果

图 4-64　分享

图 4-65　分享页

此外，分享方式还可以是二维码链接，如图 4-66 所示。

在左侧上传图片的下方，可以点击“查看全部”，能查看到所有模板，如图 4-67 所示。

图 4-66　二维码分享

图 4-67　查看全部模板

在这里有更多的模板图可以让我们挑选，如图 4-68 所示。

图 4-68　全部模板

4.3
AI 特效：创意融合、AI 字体

下面进入下一个环节：AI 特效。其中包括了创意融合和 AI 字体，如图 4-69 所示。

这一个工具相对来说会复杂一些，因为功能也更多一点，如图 4-70 所示。简单地说，创意融合工具就是让两张图根据一定的算法进行融合。所以这里我们需要两张图，一张是原始图，一张是融合目标图。原始图作为基准，目标融合图是用来提取特征。另外还需要选择模式，其中有四个模式：草图渲染、白模渲染、融合渲染、产品渲染。这些术语大多都是来自 3D 建模渲染中的术语。如果不理解，可以查看每个模式下给出的相关参考图，便能快速理解。

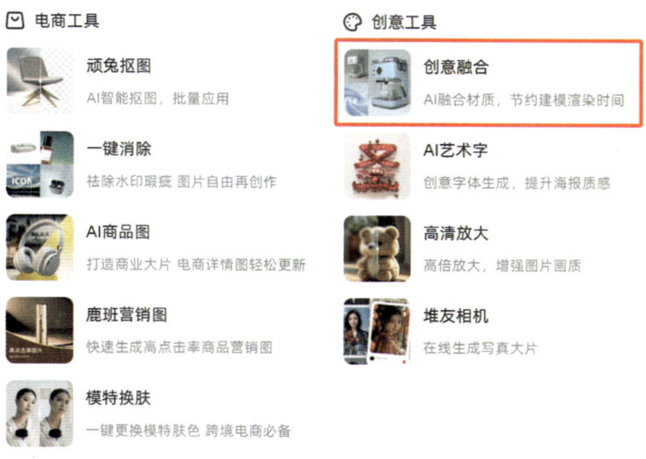

图 4-69　创意融合

图 4-70　创意融合工作台

在右侧，依然给了一个小教程：首先选择渲染模式，再选择两张需要融合的图片，最后进行融合，如图 4-71 所示。

图 4-71　融合渲染

先使用“草图渲染”模式，如图 4-72 所示。

点击此处的“查看全部”，即可找寻堆友给我们提供的原始图图库，如图 4-73 所示。

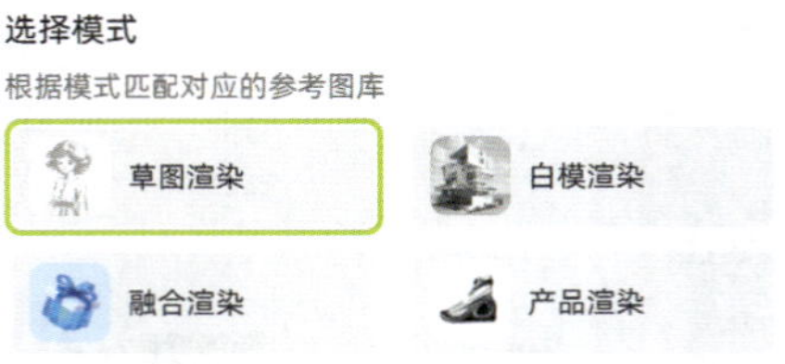

图 4-72　草图渲染

图 4-73　查看全部原始图图库

在原始图图库中可以查看和选择更多的原始图，如图 4-74 所示。

下面切换到“白模渲染”模式，如图 4-75 所示，同样的位置查看它的“原始图图库”。

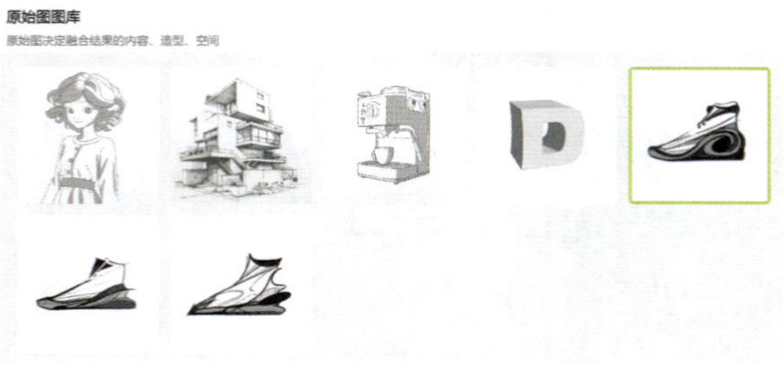

图 4-74　原始图图库（一）

图 4-75　白模渲染

可以通过这些原始图，来了解“白模渲染”的含义，如图 4-76 所示。这个模式更像是石膏、黑白立体。

下面来查看“融合渲染”的原始图，如图 4-77 所示。

图 4-76　原始图图库（二）

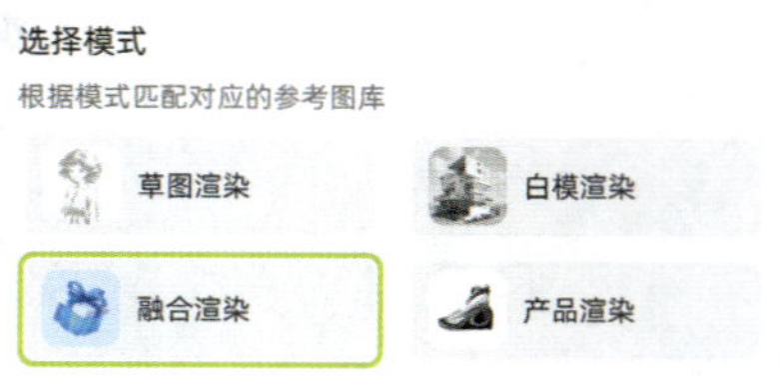

图 4-77　融合渲染

在这里，可以选择一个基准，然后再与另外一张图片进行融合，并且保持这张原始图的形状、轮廓等信息，如图 4-78 所示。这个模式会稍微复杂一点，所以我们会用更多的例子来讲解。这里，包含了各种 3D 模型，也有黑白图案。

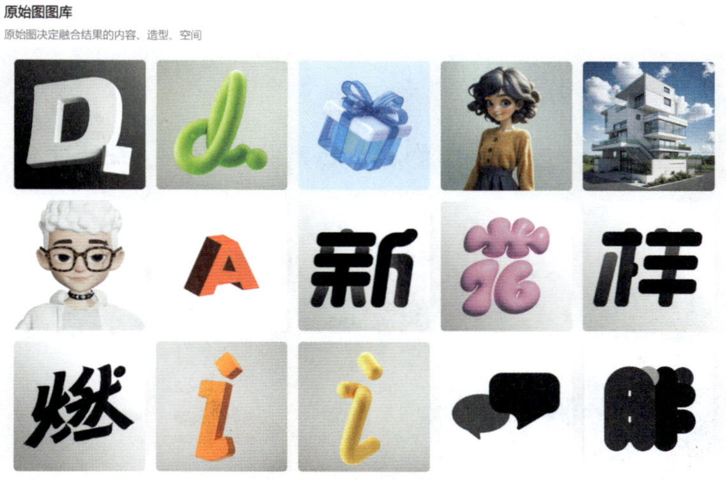

图 4-78　原始图图库（三）

最后的“产品渲染”模式，如图 4-79 所示，相对好理解。

在堆友给出的原始图中，包含了产品的二维草图和三维渲染图，如图 4-80 所示。

图 4-79　产品渲染

图 4-80　原始图图库（四）

讲解完四种模式以后，我们再来了解一下融合目标图的作用。如图 4-81 所示，简单地说，就是提取目标图中的特征，比如色彩、材质、造型等，融合到原始图中。

图 4-81　上传融合目标图

在融合目标图图库中，可以看到这些图片的材质、色彩是非常明晰的，这就方便 AI 识别提取其中的一些特征，融入原始图中，如图 4-82 所示。

图 4-82　融合目标图图库

下面选择“草图渲染”，再从图库中分别选择原始图和融合目标图，效果参数保持默认，如图 4-83 所示。

得到如图 4-84 所示的效果，结合了原始图的形态与融合目标图的材质肌理特征。

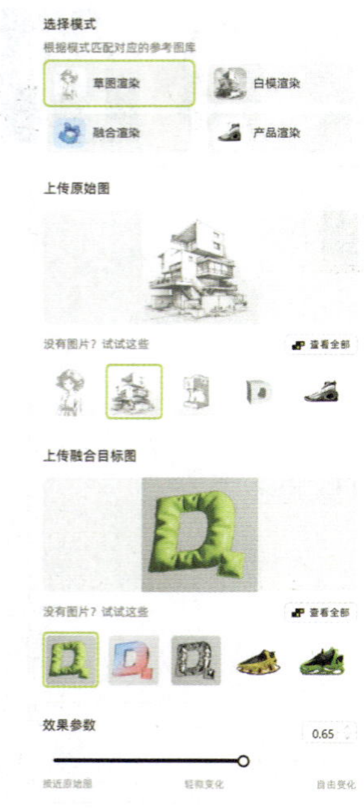

图 4-83　添加原始图与目标图

图 4-84　生成融合结果

图 4-85　效果参数

在左侧的面板中，有一个“效果参数”可以控制融合的程度，如图 4-85 所示。数值越小越接近原始图，数值越大，越自由变化。默认值一般是中间偏右。当前我们设置为 0.9，让融合效果更加自由。

生成的效果与默认值（0.65）可以对比一下，如图 4-86 所示。明显感觉到，参数变大以后，整个效果更有了融合目标图的特点。

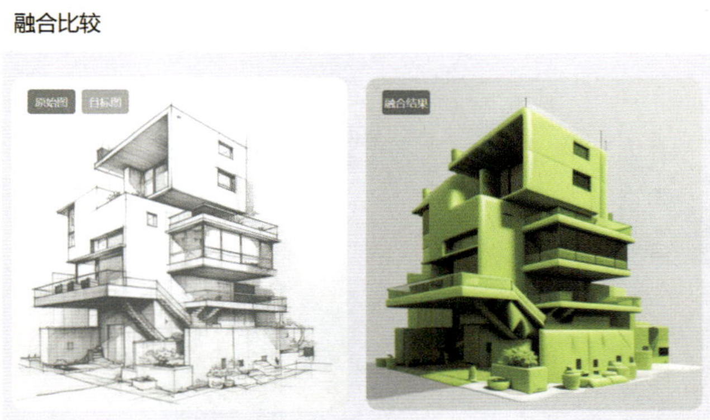

图 4-86　融合比较

下面将“效果参数”设置为 0.1，如图 4-87 所示，此时效果会更加接近原始图。

图 4-87　接近原始图

图 4-88 是原始图和融合结果的对比，可以看到 AI 给原始图增添了色彩，并且比较符合实际建筑效果的样子。

图 4-88　原始图和融合结果

图 4-89 是融合目标图和融合结果的对比，没有受到太多融合目标图的影响。

图 4-89　目标图与融合结果比较

下面我们来讲解一下“白模渲染”模式，首先，在图库中（如图 4-90 所示）挑选另外一张融合目标图。

切换到“白模渲染”模式，如图 4-91 所示。

图 4-90　融合目标图图库

图 4-91　上传相关图片

融合以后，对比一下融合目标图和结果的差异和联系，如图 4-92 所示。可以看到，有的部分是借鉴的目标图，并且保持了原始图的样貌。

图 4-92　融合比较

将效果参数设置为 0.95，让生成效果尽可能地从目标图中捕获信息，如图 4-93 所示。

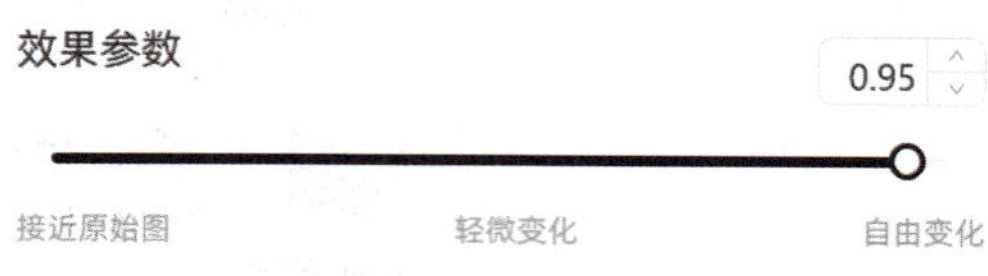

图 4-93　自由变化

从右侧的结果图可以看到，无论是色彩还是一部分构图，都受到了目标图非常大的影响，如图 4-94 所示。

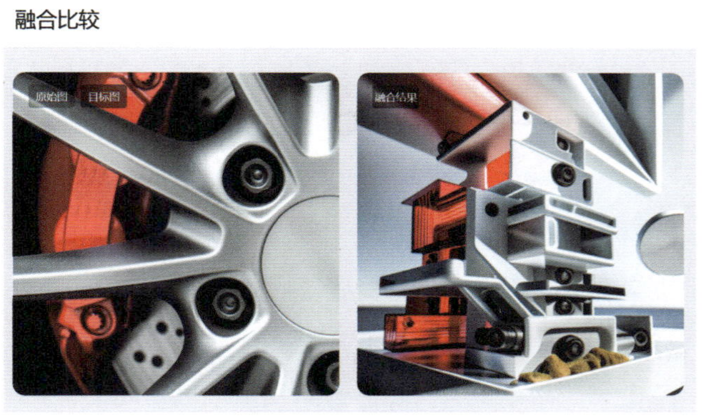

图 4-94　融合比较

4.3.1　案例 1：风格化 3D 卡通角色

我们将原始图切换为 3D 人像，如图 4-95 所示。

图 4-95　上传原始图

在图库中，选择一个镭射材质的玻璃，如图 4-96 所示。

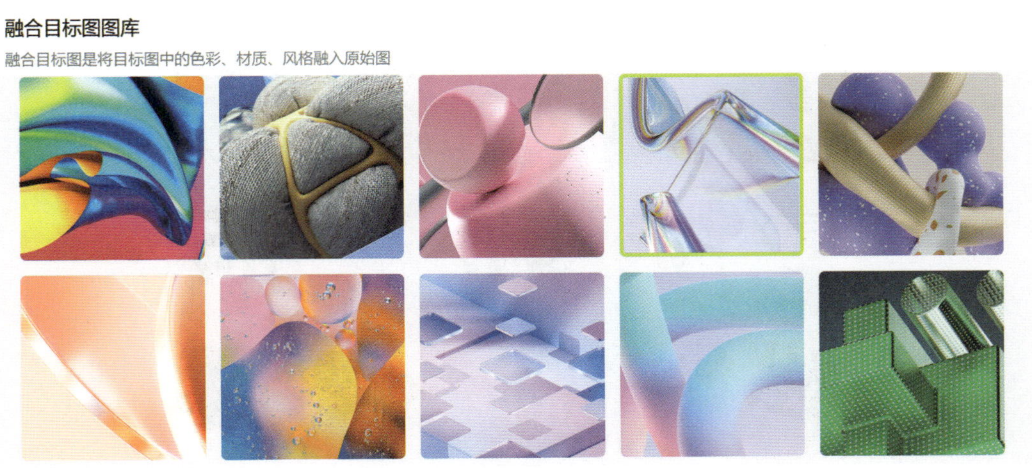

图 4-96　融合目标图图库

效果参数保持 0.5，如图 4-97 所示。

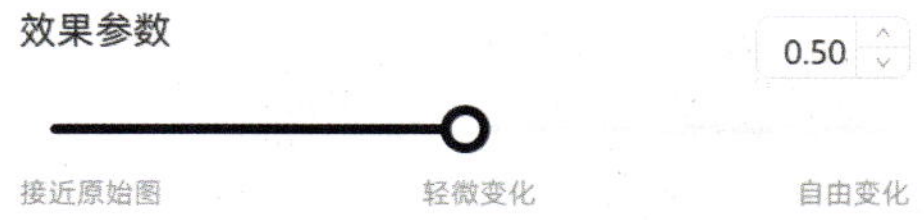

图 4-97　轻微变化

融合结果能看出原本黑白的 3D 模型，受到了目标图色彩的影响，如图 4-98 所示。

图 4-98　融合完成

4.3.2　案例 2：金属与彩色玻璃文字

下面我们介绍“融合渲染”模式，这个模式效果可能更为灵活，值得花时间做各类测试，如图 4-99 所示。

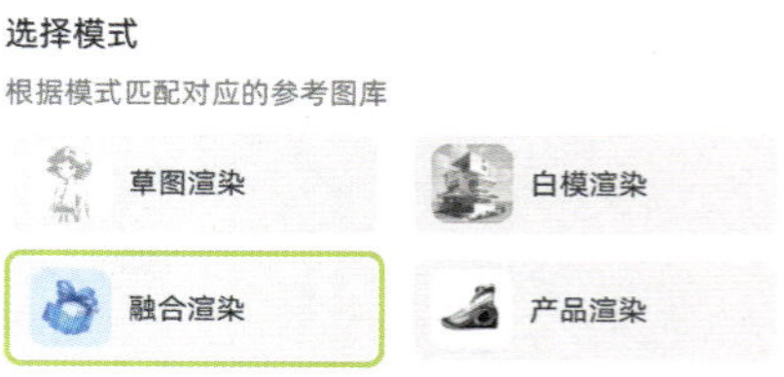

图 4-99　融合渲染

可以看到“融合渲染”模式中的原始图图库相对更多，并且样式也是多样的，如图 4-100 所示。比如白模 3D、彩色 3D 角色、黑白文字、立体文字、建筑风景等。我们选择图库中的一个黑白文字。

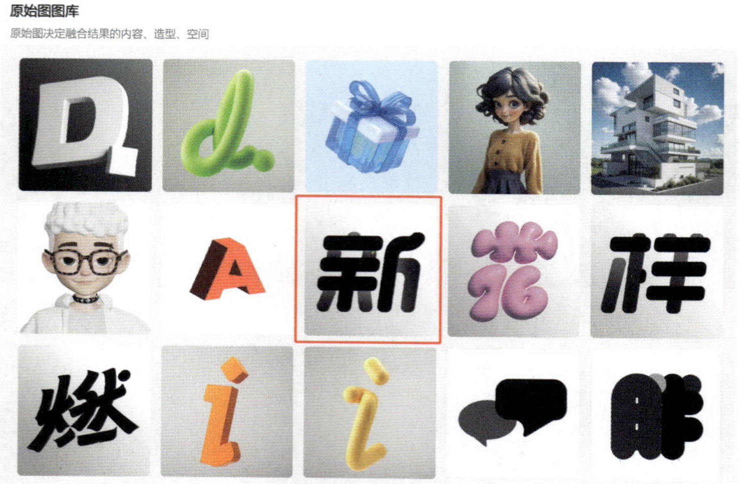

图 4-100　选择原始图

融合目标图选择这个金属感的气球文字，如图 4-101 所示。

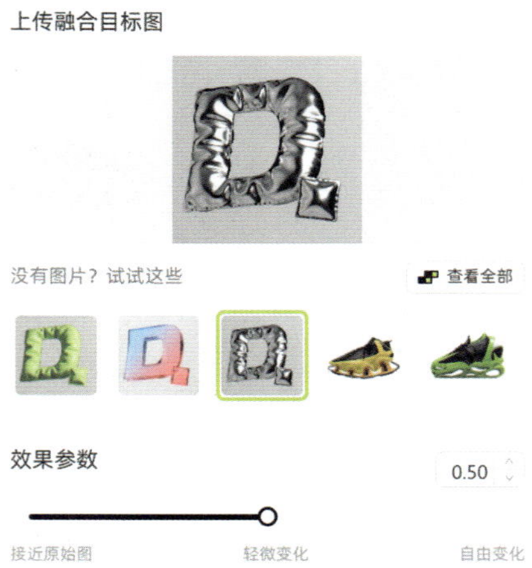

图 4-101　金属气球

可以看到融合结果集成了目标图的材质感，如图 4-102 所示。

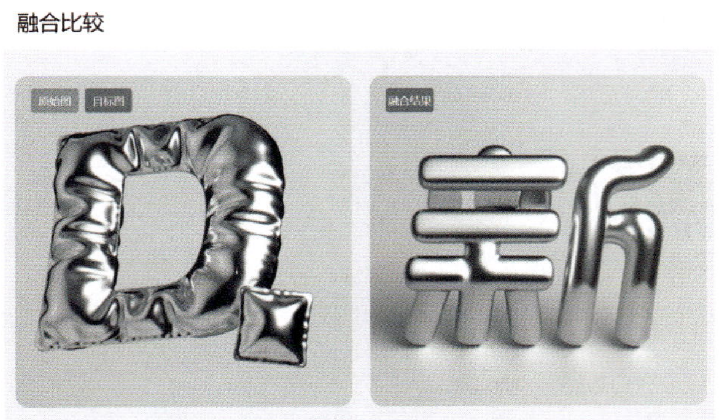

图 4-102　融合结果

融合结果一次性也生成了多个，供我们挑选，如图 4-103 所示。

图 4-103　金属文字

下面选择这个半透明彩色玻璃作为融合目标图，原始图保持不变，如图 4-104 所示。

图 4-104　半透明彩色玻璃

等待生成融合结果，如图 4-105 所示。

可以看到文字集成了目标图中的透明与彩色材质的特点，如图 4-106 所示。

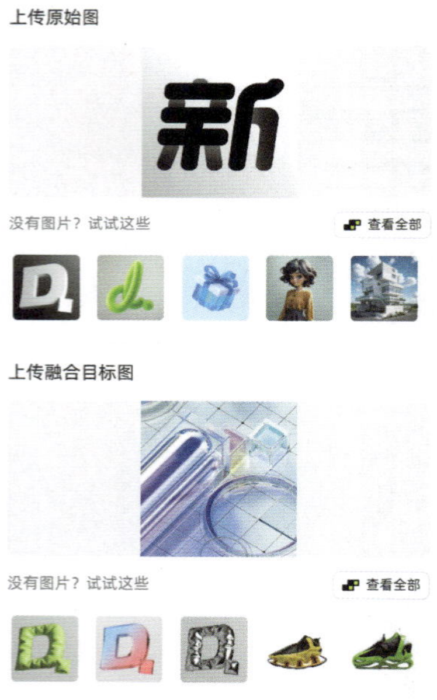

图 4-105　上传图片

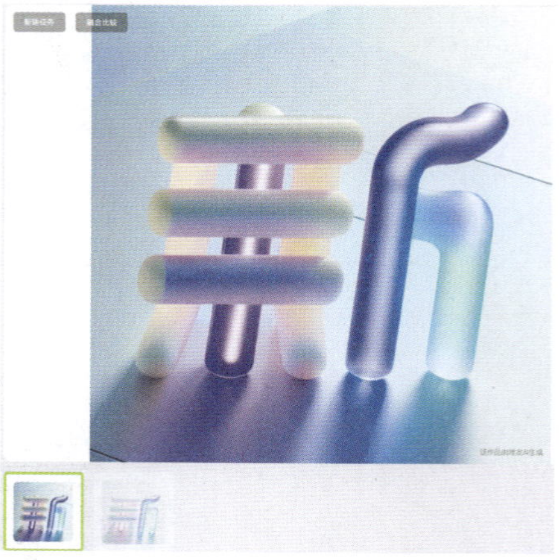

图 4-106　融合结果

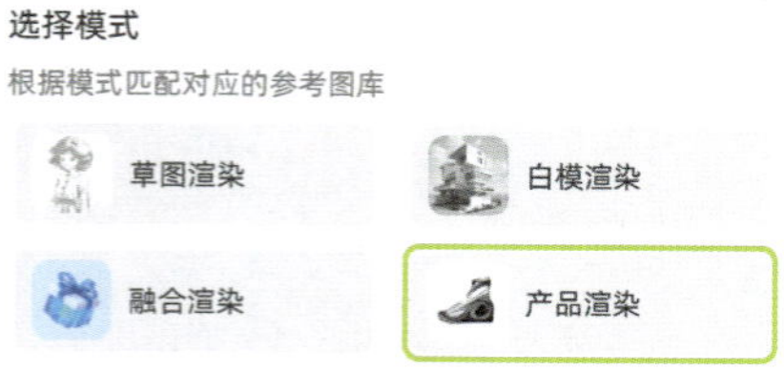

图 4-107　产品渲染

产品渲染模式（如图 4-107 所示）可以让灵感草图或者普通的渲染图变得更加真实、有细节。

选择一个普通的黑色耳机，如果想要为耳机设计配色，并且找不到灵感，试试这个功能，或许能快速找到一些不错的方案，如图 4-108 所示。

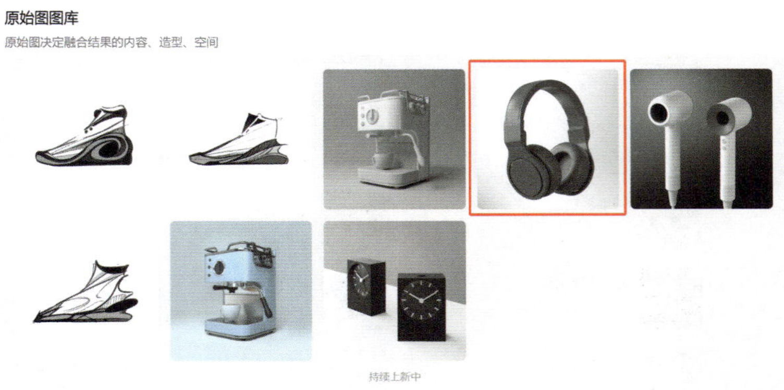

图 4-108　耳机

选择之前用过的这张彩色透明玻璃的目标图，效果参数设置为 0.5，如图 4-109 所示。

融合后会得到一个五彩缤纷的耳机配色，如图 4-110所示。以上就是创意融合的功能，读者可以尝试更多效果，加深对该功能的理解。

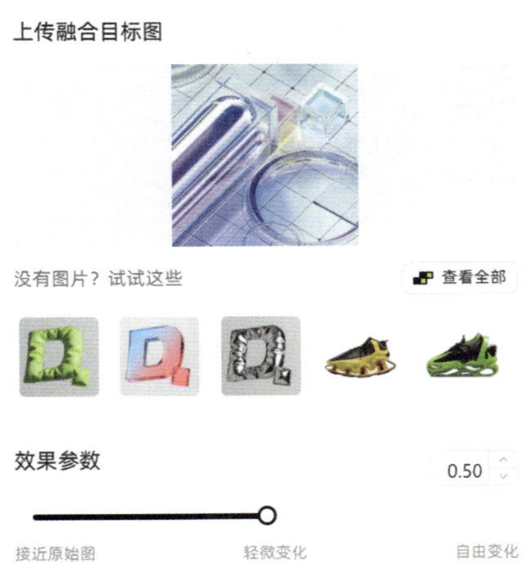

图 4-109　轻微变化

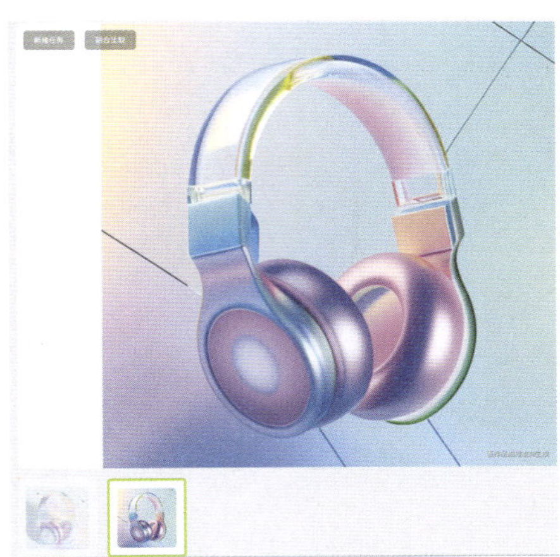

图 4-110　融合结果

4.4
AI 艺术字（案例：风格化字体设计）

下面跳转到“AI 艺术字”这个功能，这是一个可以让图片与文字相融的 AI 工具，如图 4-111 所示，对创作平面海报非常有帮助。

关于工作台的用法，在之前的学习中，大家应该也能举一反三。如图 4-112 所示，左侧是它的设置选项内容，右侧则是生成效果。

在“AI 艺术字”中，主要有三个“玩法”，分别是：创意文字、文字变形、文字纹理，如图 4-113 所示。默认状态下是创意文字。在下方可以输入文字内容，修改字体。

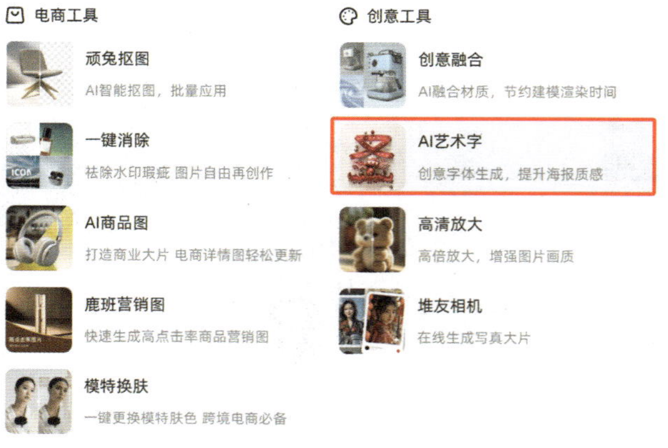

图 4-111　AI 艺术字

图 4-112　AI 艺术字工作台

接下来可以为创意效果添加字形描述和纹理描述，如图 4-114 所示。如果刚开始使用，可以点击这里的“AI 帮写”功能，AI 可以立刻帮我们生成相关的描述，通过描述，我们可以学会如何撰写 AI 能理解的提示词语言。

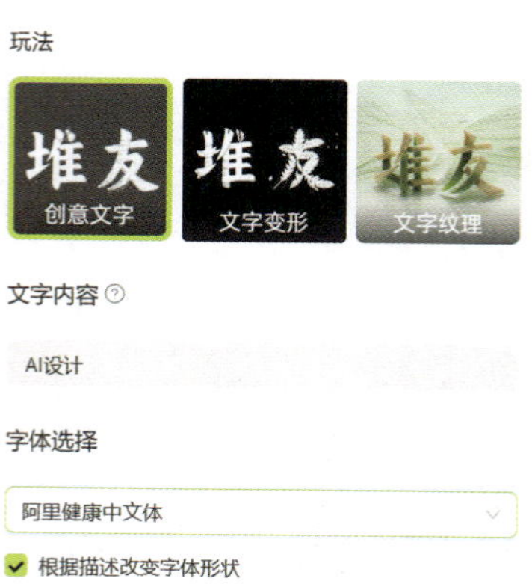

图 4-113　玩法

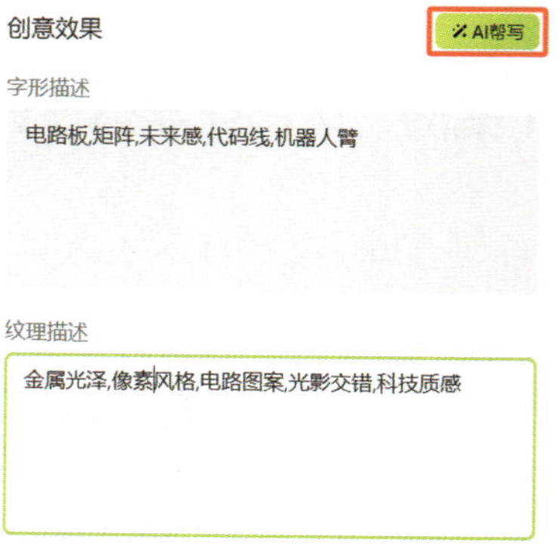

图 4-114　AI 帮写

在生成之前，可以选择图片比例和生成数量，如图 4-115 所示。我们选择 16 ： 9 和 2 张图片，点击“立即生成”按钮。

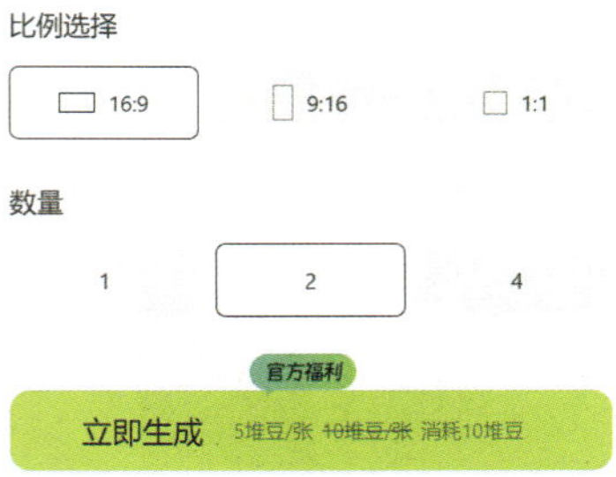

图 4-115　比例与数量

等待一段时间以后，根据输入的提示词，AI 将会为我们生成 2 张图，如图 4-116 所示。

下面切换到“文字变形”模式，其他参数与内容保持不变，如图 4-117 所示，点击“立即生成”按钮。

图 4-116　生成结果

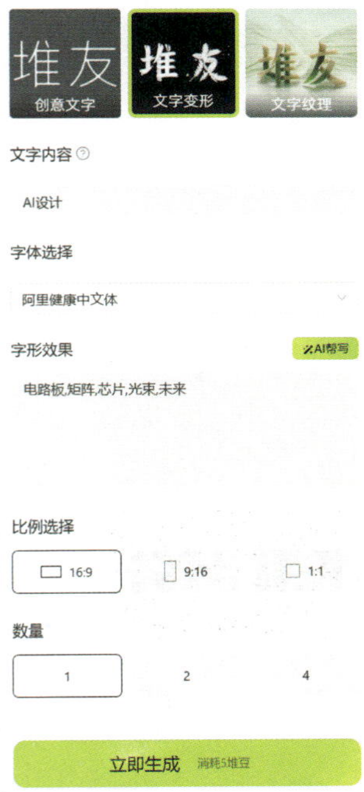

图 4-117　文字变形

AI 将会生成一张黑白纯色的文字图片，如图 4-118 所示。这种图片可以作为素材再次利用。

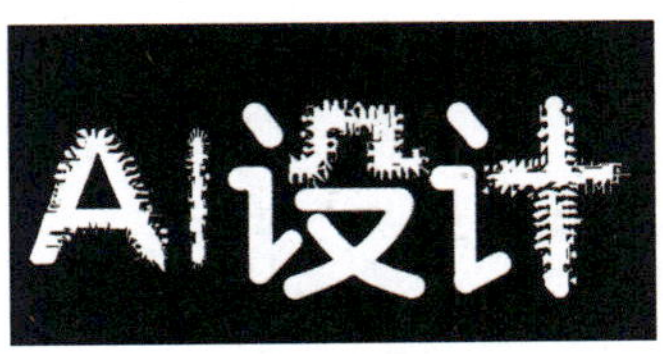

图 4-118　生成结果

将这张图作为原始图，选择“创意融合”，如图 4-119 所示。

在目标图中选择一张金属镜面图片，如图 4-120 所示。

图 4-119　创意融合

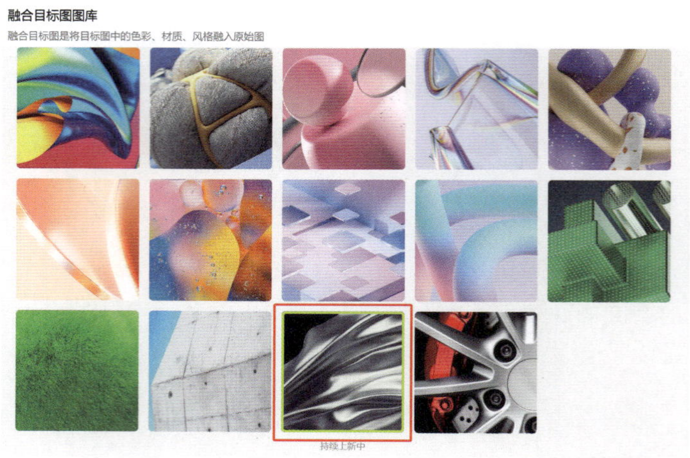

图 4-120　选择目标图

切换到“融合渲染”模式，如图 4-121 所示。

AI 就帮我们制作了一个金属的艺术字，如图 4-122 所示。

图 4-121　融合图

图 4-122　融合结果

对比一下目标图和融合结果，如图 4-123 所示。

也可更换一个目标图，生成的结果也会非常不同，如图 4-124 所示。

切换到“文字纹理”模式，如图 4-125 所示。

图 4-123　融合对比

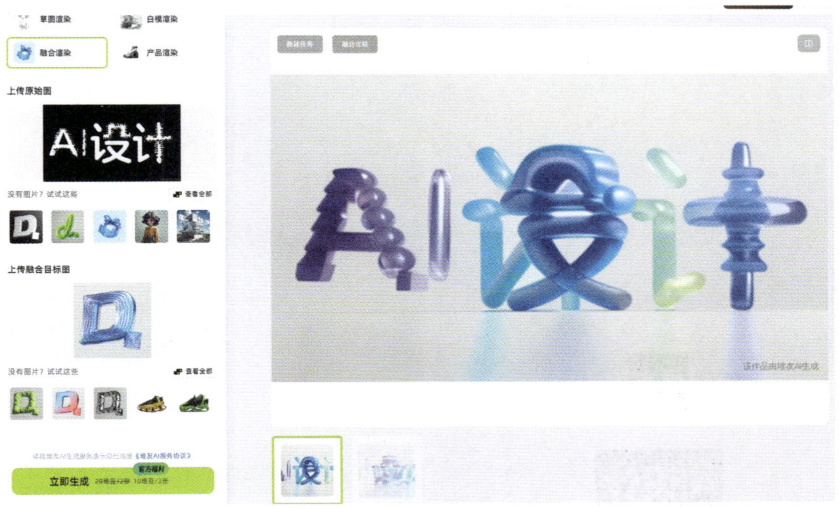

图 4-124　融合结果

在这个模式下需要上传一张本地的文字图片，如图 4-126 所示。这里我们依然选择之前生成好的黑白文字。

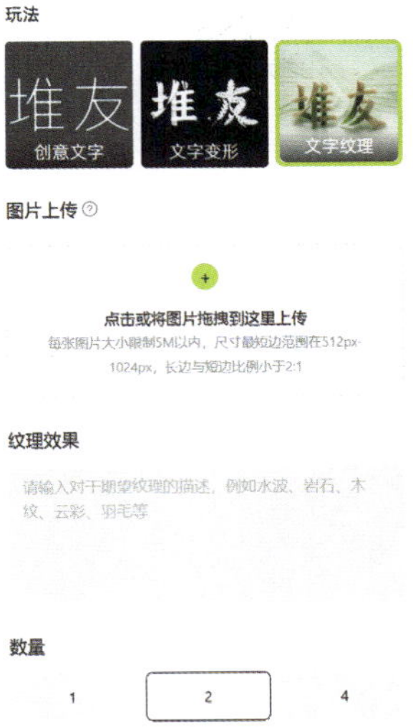

图 4-125　文字纹理

图 4-126　文字纹理

选择这张图片，双击即可上传内容，如图 4-127 所示。

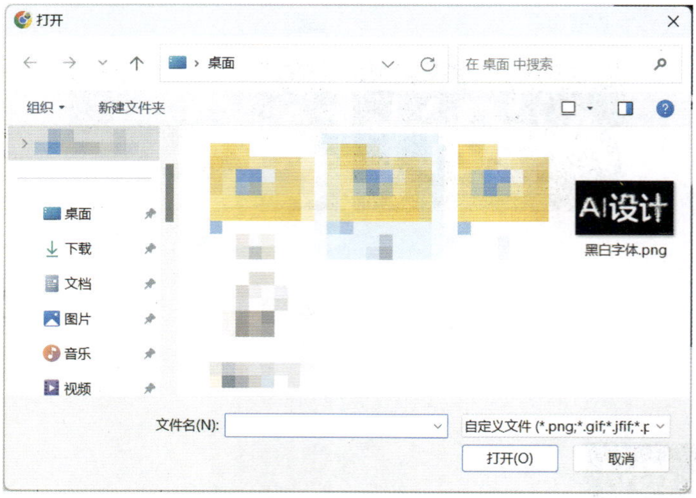

图 4-127　上传本地图像

在“纹理效果”中输入提示词，点击“立即生成”按钮，可以得到花瓣飞舞的字体效果，如图 4-128 所示。

图 4-128　花瓣飞舞

效果图如图 4-129 所示。

图 4-129　效果图

更换提示词，生成新的字体纹理样式，如图 4-130 所示。
得到森林绿叶效果，如图 4-131 所示。

图 4-130　更换提示词

图 4-131　森林绿叶效果

4.5

AI人物图像处理：AI 堆友相机、模特换肤（案例：AI 数字形象）

堆友相机是一个可以创建个人虚拟形象的 AI 工具，如图 4-132 所示。

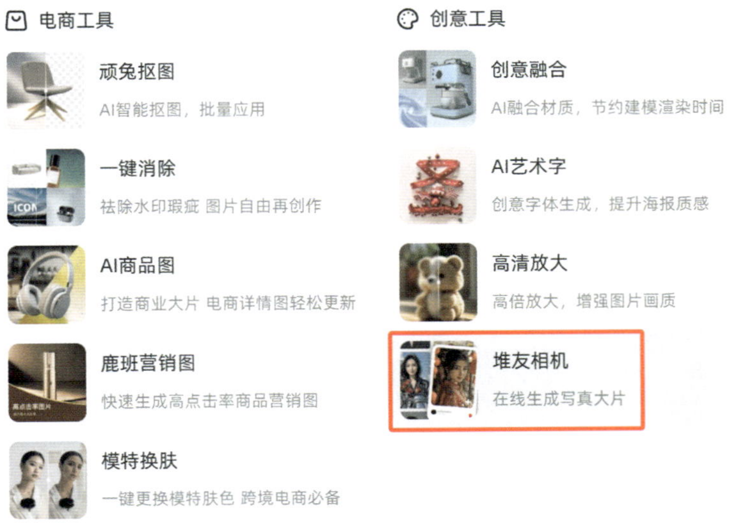

图 4-132　堆友相机

通过上传若干张符合要求的照片，就可以生成数字人分身，如图 4-133 所示。
点击“创建分身”会跳转到一个详细设置页面，如图 4-134 所示。

图 4-133　数字人分身

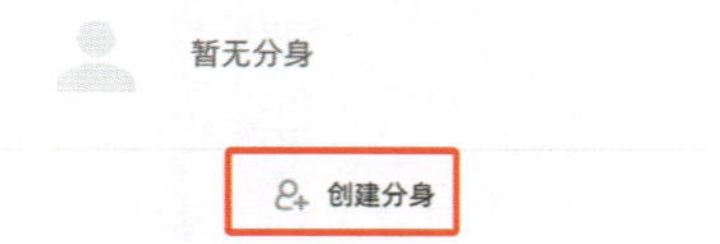

图 4-134　创建分身

在这个页面中，需要选择数字人性别，并且需要按照要求上传正面照片和补充照片，照片的规范在右侧中有介绍。总的来说，需要上传背景清晰、人物清晰的图片，方便 AI 识别，如图 4-135 所示。

图 4-135　上传要求

上传的过程中，系统会要求我们移除不合格的图片，如图 4-136 所示。完成后，就可以点击“立即生成”按钮了。

图 4-136　上传相关内容

生成后，AI 就会根据照片的人物特征，将我们的人物形象融合到新的场景之中，如图 4-137 所示是堆友官方给出的案例。

图 4-137　官方提供的结果参考

“模特换肤”也是一项针对人像的功能，如图 4-138 所示。

工作台的右侧会有一个模特照片，上传图片的效果，如图 4-139 所示。

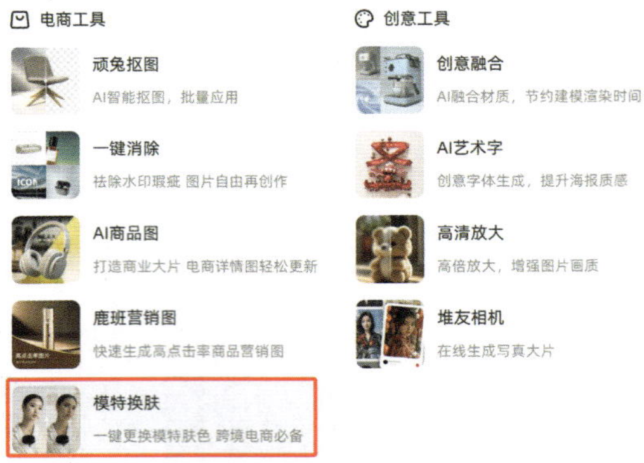

图 4-138　模特换肤

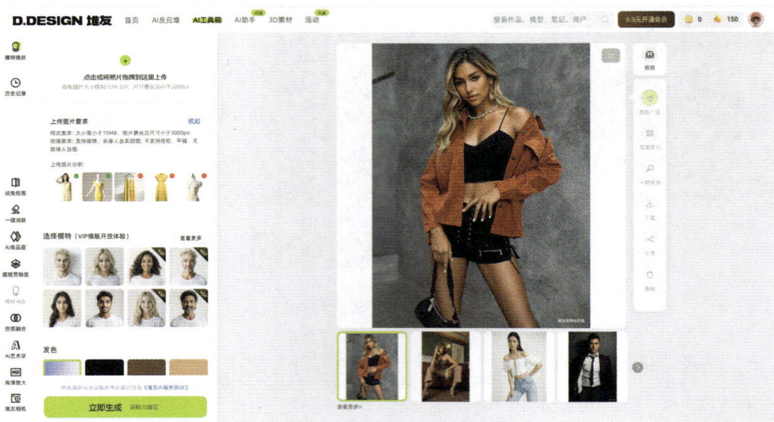

图 4-139　换肤案例

在上传图片时，也会给我们列出非常多的要求和说明，如图 4-140 所示。需要注意的是，本工具主要针对的是穿着服装的模特图。AI 会识别人脸和商品，根据需求，替换模特。在这之前，我们需要有一张模特图片。这一次，我们用堆友的“AI 反应堆”来生成模特图片。

在顶部菜单栏中，将鼠标悬浮到“AI 反应堆”上，选择“经典生图”模式，如图 4-141 所示。

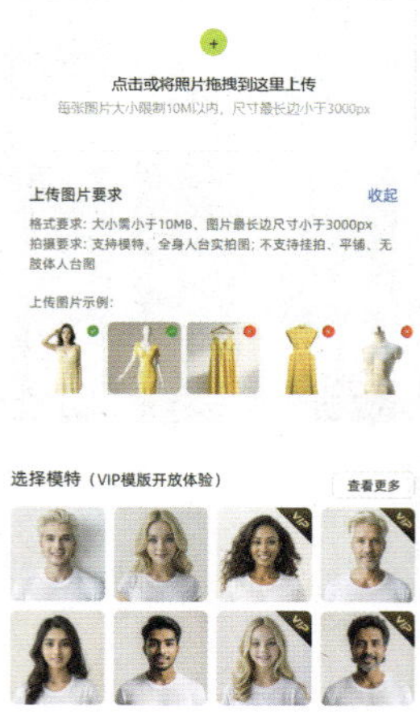

图 4-140　上传图片要求

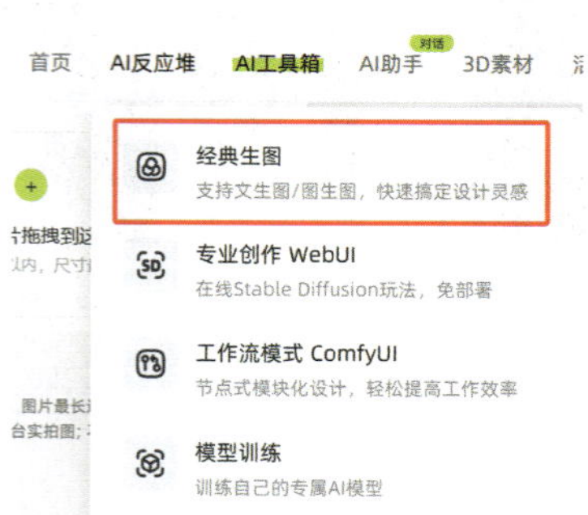

图 4-141　经典生图

选择“自由模式”，点击下方的“点击查看全部模型”按钮，如图 4-142 所示。

找到一个封面真人模特的模型即可，可以不和本案例模型相同，如图 4-143 所示。

图 4-142　自由模式

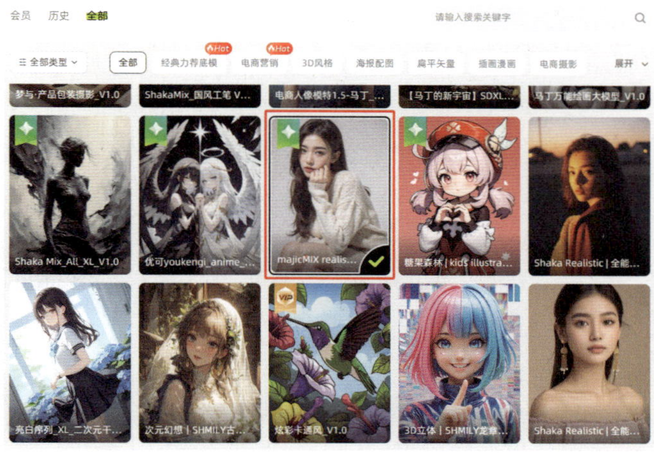

图 4-143　选择模型

在“画面描述”的文本框中，输入提示词，如图 4-144 所示。

比例设置为 1 ∶ 1 默认，图片数量根据自身需求，这里设置为 2 张，默认为 4 张，如图 4-145 所示。

生成效果如图 4-146 所示，点击右上方的下载按钮，将图片保存至本地。

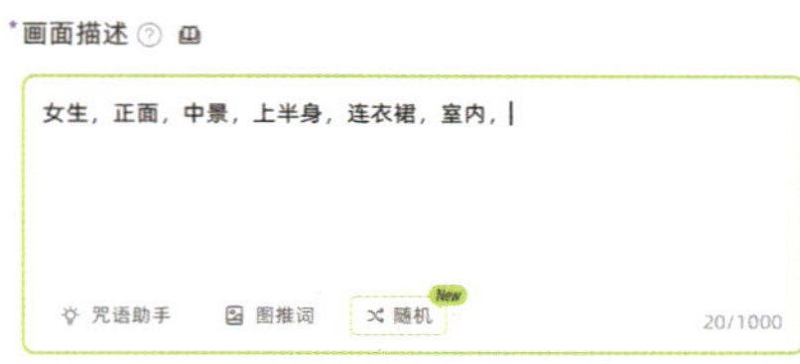

图 4-144　输入提示词

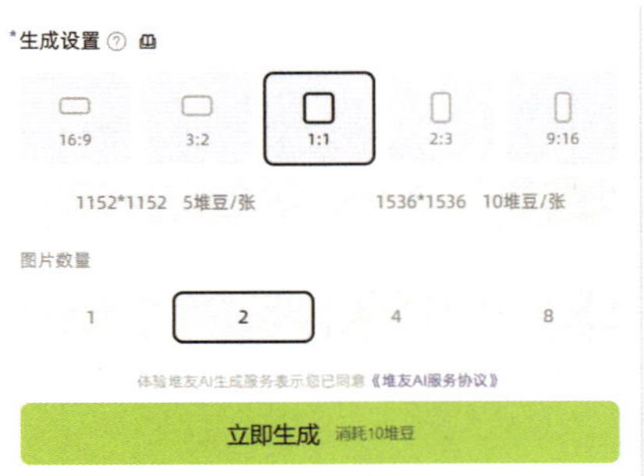

图 4-145　比例与数量

图 4-146　下载到本地

再次切换到“模特换肤”工作台，点击加号图标上传本地图像，如图 4-147 所示。

选择刚才生成好的模特图，如图 4-148 所示。

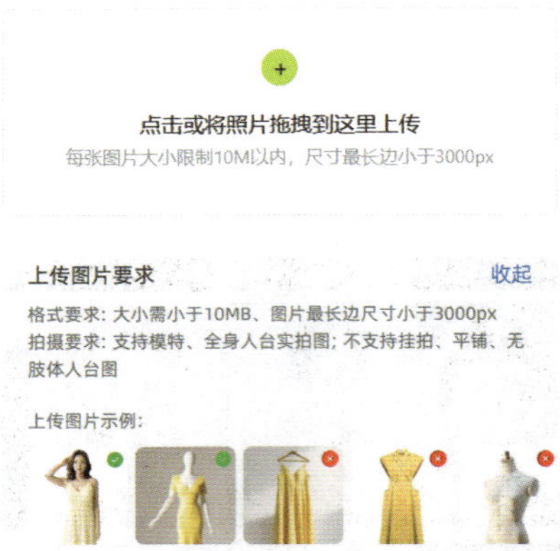

图 4-147　模特换肤

图 4-148　上传图片

等待 AI 检测模特的服饰，如图 4-149 所示。

检测完成后，服饰会标记为荧光黄绿色，标记后相当于一个蒙版遮罩，AI 修改图像的时候，不会影响到这部分内容，如图 4-150 所示。如果识别得不够准确，还可以点击下方的“点击编辑选区”按钮，进入编辑选区工作页面。

图 4-149　服饰检测中

图 4-150　蒙版遮罩

在编辑选区工作页面中，左侧是选区加其他图像，右侧是选区，我们可以在左上角，选择“保留”“去除”工具，在图像中涂抹选区，如图 4-151 所示。点击右上方的“完成选区”按钮，即可完成编辑。

图 4-151　编辑蒙版

在下方，可以选择一个新的模特，如图 4-152 所示。发色选择为“银色”，然后点击“立即生成”按钮，完成操作。

此时，一个被替换人物角色的图片就生成了，如图 4-153 所示。

图 4-152　更换模特

图 4-153　更换结果

在预设模特这个页面中，右上方有一个“查看更多”按钮，如图 4-154 所示，点击以后，可以查看所有类型的模特。

我们可以在这里选择各种不同类型的模特，如图 4-155 所示。

图 4-154　查看更多

图 4-155　更多模特

下面我们选择一个皮肤和头发都不同的模特形象，如图 4-156 所示。

发色保持默认，场景选为“简约室内”，如图 4-157 所示。

此时 AI 帮我们替换了角色形象，并且替换了场景，但是保留了服装商品，如图 4-158 所示。

在生成结果图像的右侧工具栏中，点击“一键抠图”（图 4-159 中因为已经抠图过了，会显示查看抠图）。

图 4-156　不同的肤色与头发

图 4-157　选择场景

图 4-158　生成结果

AI 将帮我们去除背景信息，保留模特，如图 4-160 所示。

图 4-159　查看抠图

图 4-160　抠图结果

4.6
AI 助手：面向设计师的 AI 多功能助手（案例：AI 助手辅助书写提示词）

DeepSeek 是一款市面上比较流行的对话式 AI 助手，和 GPT 的使用方式类似，堆友也内置了一个 AI 助手，我们可以询问 AI 关于设计、创意、运营相关的问题。在顶部的菜单栏中，点击“AI 助手”，可以切换到它的工作台，如图 4-161 所示。

图 4-161　AI 助手

AI 助手的工作台是左右分布的结构，左侧包含了新建对话与历史对话，右侧则是对话框与对话内容，如图 4-162 所示。

图 4-162　AI 助手工作台

如图 4-163 所示，在右侧可以看到官方给出的 AI 助手使用范例。图中有三类人群：创意设计师、在校师生、运营策划，每个人群的下方，都有一些较为代表性的热门话题，我们只需点击任意的文字，即可将该话题发送给 AI，之后，AI 助手将会详细回答。

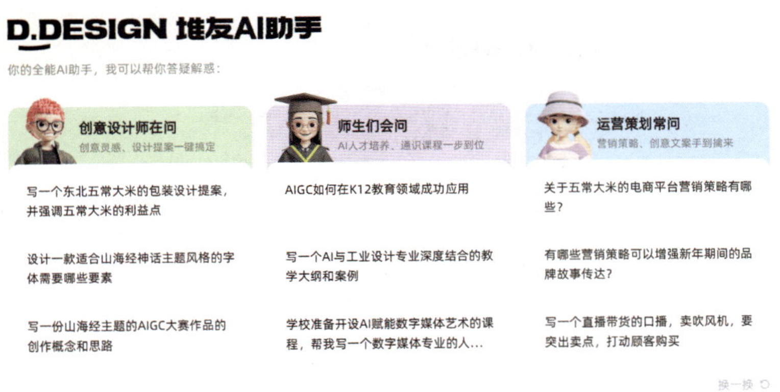

图 4-163　AI 助手范例

如果对当前话题不满，或者想要找寻更多的灵感，可以点击右下角的“换一换”按钮，如图 4-164 所示。此时，AI 会帮我们更换新的一批热门话题，可以在其中任意点击一个。

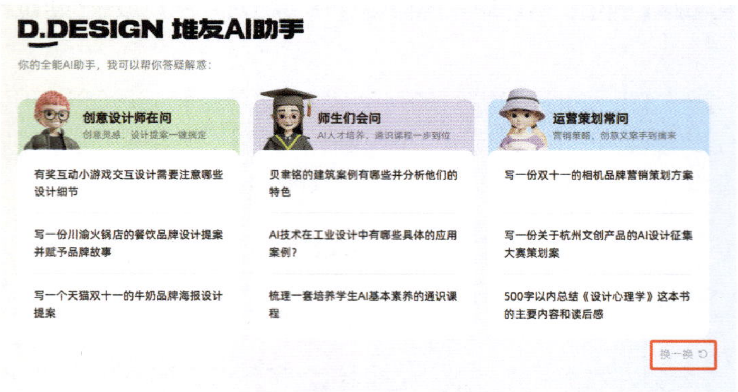

图 4-164　换一换

选择一个话题以后，AI 会开始生成相关的回答，如图 4-165 所示。

AI 回答另外的一个话题如图 4-166 所示。

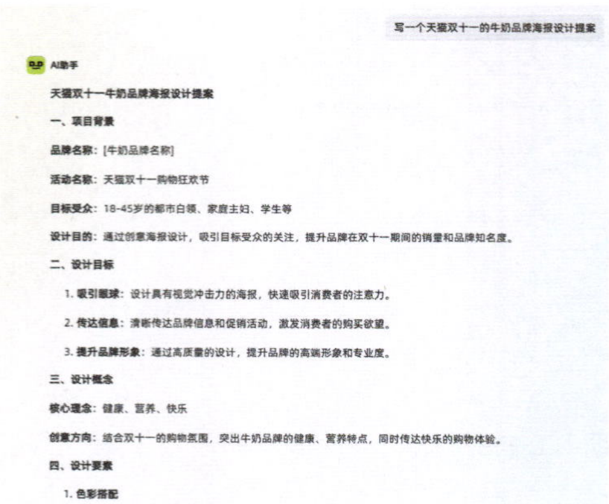

图 4-165　生成回答（一）

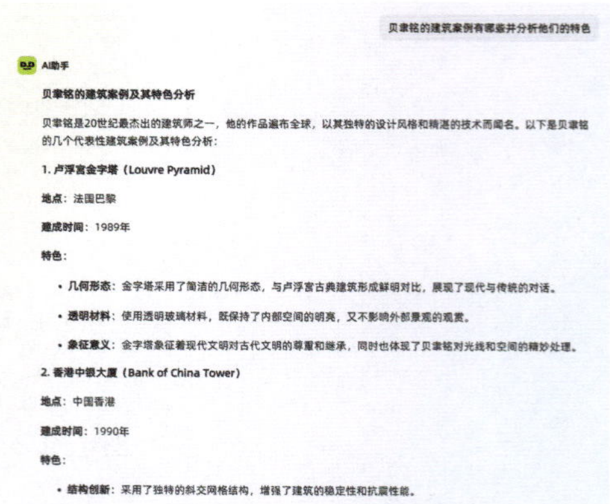

图 4-166　生成回答（二）

除了直接使用范例以外，更为常用的使用方式是在下方的对话框中输入相关内容，与 AI 产生互动，如图 4-167 所示。

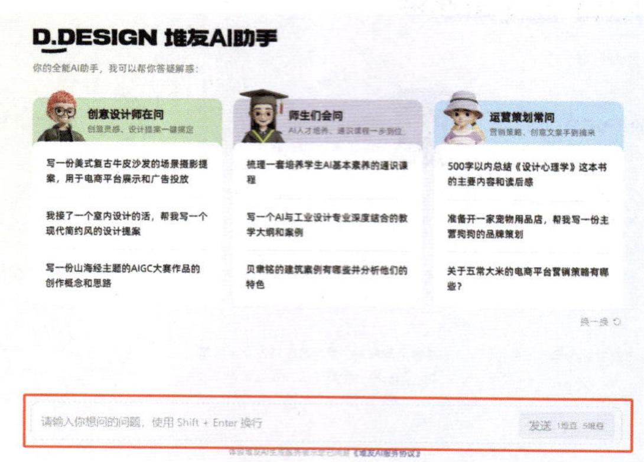

图 4-167　对话框

在对话框中，手动输入内容，点击右侧的“发送”按钮，AI 将会回答问题，拓展话题，如图 4-168 所示。

图 4-168　输入内容

回答完成后，如果需要复制这些文本，可以点击下方的复制按钮，如图 4-169 所示。

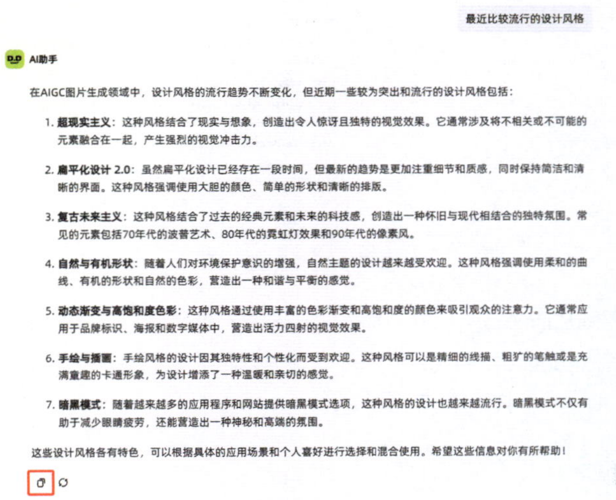

图 4-169　复制回答

复制按钮右侧有一个“重新生成”按钮，该按钮的作用是保持话题内容的情况下，AI 重新生成一版内容，如图 4-170 所示。若是对当前版本不满意，可以使用该功能。

图 4-170　“重新生成”按钮

根据之前的话题，AI 会重新生成新的内容，如图 4-171 所示。

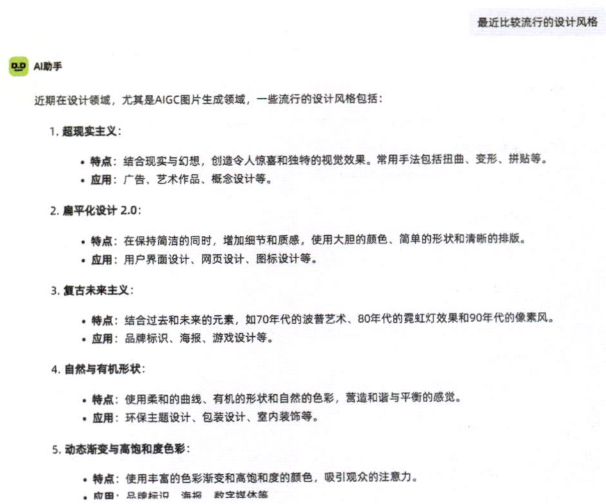

图 4-171　重新生成新内容

我们与 AI 的历史对话都会在左侧被记录下来，如图 4-172 所示。

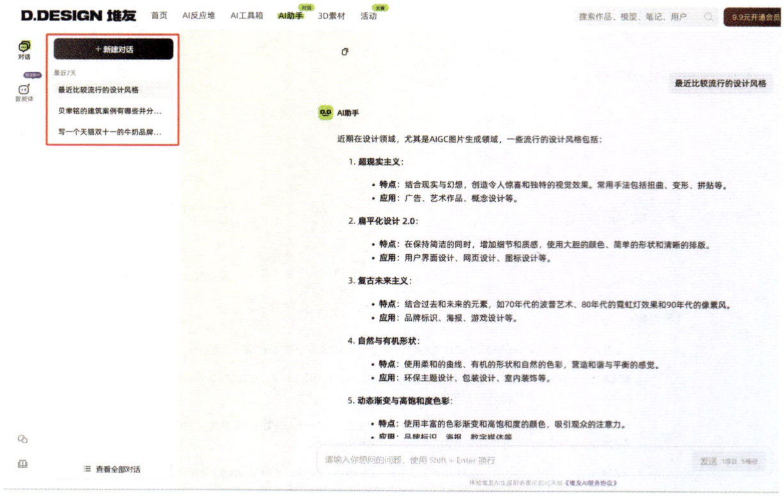

图 4-172　历史对话

建议当我们开启新的一段对话时，可以点击“新建对话”按钮，如图 4-173 所示。

值得注意的是，AI 助手还能帮我们写 AI 生图用的描述词（提示词），如图 4-174 所示，我们在对话框中输入如下需求，点击“发送”。

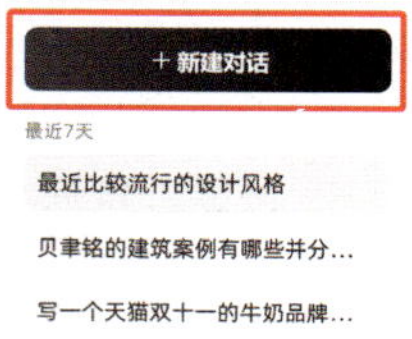

图 4-173　新建对话

图 4-174　输入提示词

此时，AI 给了我们若干提示词，我们可以复制到堆友 AI 生图中，如图 4-175 所示，先复制第一个“森林中的小屋”。

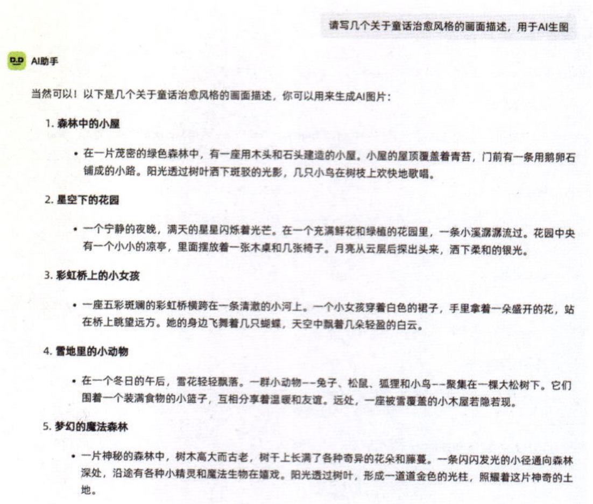

图 4-175　生成结果

在顶部菜单栏中，在“AI 反应堆”中，切换到“经典生图”，如图 4-176 所示。

将模型切换到“治愈水彩”，画面描述文本框中，粘贴刚才 AI 生成的提示词内容，如图 4-177 所示。

堆友 AI 根据提示词，给我们生成了图像——森林中的小屋，如图 4-178 所示。

我们复制另外一段提示词到“画面描述”文本框中，选择“大触油画”模型，如图 4-179 所示。

AI 就给我们生成了漂亮高级的油画，如图 4-180 所示。

图 4-176　经典生图

图 4-177　选择模型、输入提示词

图 4-178　生成结果（森林中的小屋）

图 4-179　选择模型并输入提示词

图 4-180　生成结果（油画）

4.7
3D 素材：一键搭建 3D 元素

3D 素材也是堆友的一大特色，如图 4-181 所示。过去做设计的时候，如果我们需要 3D 装饰元素，就需要自己搭建 3D 模型，然后还需要 3D 渲染；或者去素材网站上，找寻一些并不是很合适的 3D 素材。而现在，我们可以直接在堆友中，灵活地调用 3D 元素。下面我们来了解堆友中的 3D 元素具体用法。

图 4-181　顶部菜单栏

进入 3D 元素页面以后，就能看到适合用于电商、平面、海报设计中的 3D 元素，如图 4-182 所示。

图 4-182　3D 元素页面

将鼠标悬浮在其中的一个 3D 元素上，如图 4-183 所示。右上角会出现“收藏”按钮，右下角会有“编辑”与“下载”按钮。点击下载，即可下载这张图到本地。点击编辑按钮，可跳转到 3D 工作台。

在这里，我们可以调整 3D 物体的角度、背景图、画面细节（曝光），如图 4-184 所示。

图 4-183　3D 元素页面

图 4-184　3D 元素工作台

拖拽鼠标左键，即可自由切换视角，如图 4-185 所示。

在右侧，可以选择不同的背景颜色，如图 4-186 所示。这里有推荐色彩，也可以自由选择不同的颜色。

图 4-185　切换视角

图 4-186　背景色

下方的曝光值可以调整画面的亮度，如图 4-187 所示。

调整完成以后，可以下载个人作品，如图 4-188 所示。在这里，可以选择背景是否为透明，也能看到这张图片的尺寸、格式信息。

图 4-187　曝光

图 4-188　下载我的作品

我们更换另外一个 3D 元素，可以看到右侧的参数是一样的，所以使用方式也是相同的，如图 4-189 所示。大家可以在堆友的 3D 元素中，找到符合自身需求的 3D 元素，应用在自己的设计中。

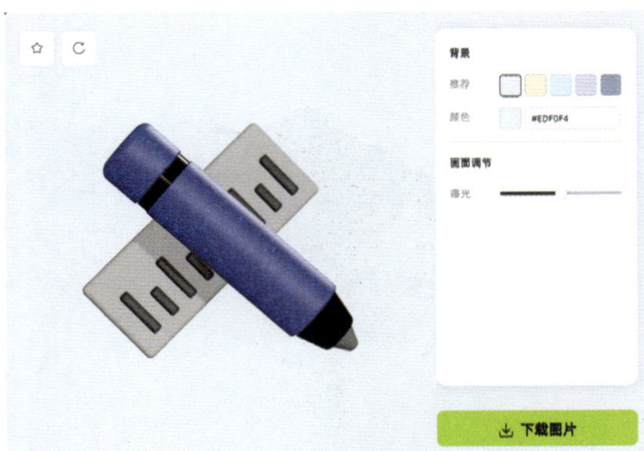

图 4-189　更换 3D 元素

4.7.1　案例 1：3D 人物

默认状态下，给我们展示的是未分类的 3D 元素，我们也可以手动切换分类，如图 4-190 所示。比如点击“人物”分类，系统就会挑选出 3D 人物的元素。

图 4-190　人物

进入编辑页面。此时左侧多了一个菜单栏，可以调节 3D 人物的更多细节，如图 4-191 所示。

图 4-191　3D 人物工作台

拖拽鼠标左键，可以切换画面，如图 4-192 所示。

在左侧的菜单栏中，可以调节人物的表情、发型、眉毛、眼镜、衣服、配饰。还可以在最下方，一键让系统随机帮我们生成一个造型，如图 4-193 所示。

图 4-192　切换视角

图 4-193　左侧工具栏

点击“随机”按钮，系统会给我们生成一个随机的人物角色，如图 4-194 所示。

再次点击，可以出现另外一种完全不同类型的角色，如图 4-195 所示。

图 4-194　随机

图 4-195　多次随机

下面我们来看看“表情”这一栏的内容，如图 4-196 所示，在这里可以更换人物的面部表情。

在发型选项卡中，可以更换人物的发型颜色、款式，也可以佩戴帽子，如图 4-197 所示。

眉毛选项可以和表情配合使用，如图 4-198 所示。

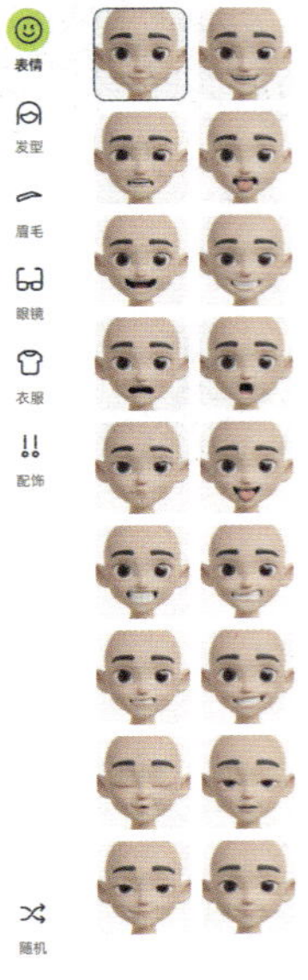

图 4-196　表情

图 4-197　发型

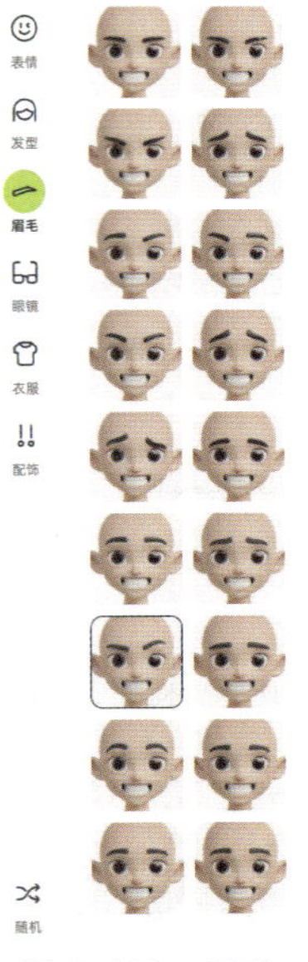

图 4-198　眉毛

在眼镜选项卡中，内置了太阳镜、眼镜框、普通玻璃眼镜等不同风格的眼镜，如图 4-199 所示。

衣服选项卡中，款式也很多，如图 4-200 所示。男装、女装，春装、夏装、秋装、冬装，供我们挑选。

在配饰中，可以选择耳环、项链、口罩的装饰，如图 4-201 所示。

人物的 3D 元素还能给人物更换不同的肤色，如图 4-202 所示。

有了这些模板，我们可以快速捏一个 3D 形象，如图 4-203 所示。

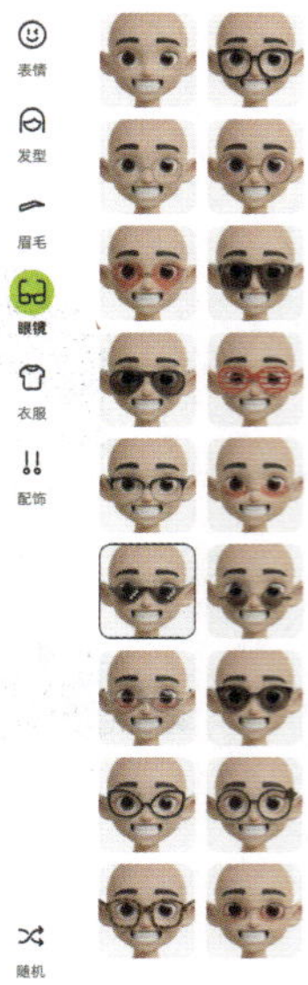

图 4-199　眼镜

图 4-200　衣服

图 4-201　配饰

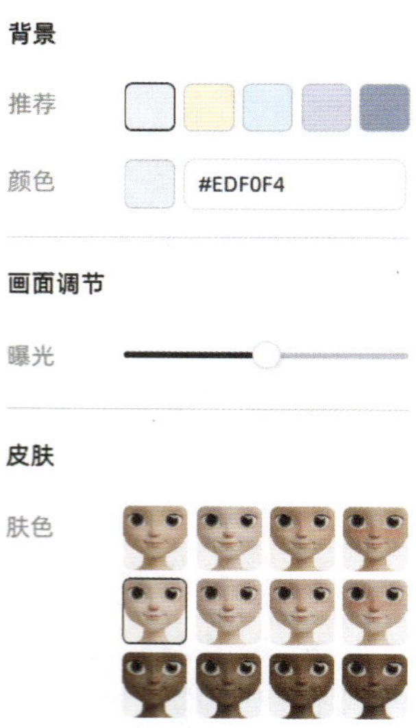

图 4-202　肤色

图 4-203　3D 形象

4.7.2　案例 2：3D 场景

切换到“场景”分类，这个分类是将单个元素与角色相结合，如图 4-204 所示，搭建成了一组 3D 场景。点击其中的一个，即可进入场景工作台。

在场景工作台的左侧可以看到场景、元素、形象、物体几个选项卡，如图 4-205 所示。从这里可以调用、添加素材到当前场景之中。

图 4-204　场景

图 4-205　场景工作台

点击场景中的“查看全部”按钮，就可以查看堆友所提供的场景素材库，如图 4-206 所示。

在左侧可以看到，堆友将 3D 场景分为了节日营销、休闲娱乐、物流交通、办公家居、医疗健康等门类，如图 4-207 所示。

在左侧菜单栏中，切换到“元素”选项卡，在这里会有各类小装饰物品，如图 4-208 所示。点击任意一个，就可以将其添加到当前场景之中。

添加到场景之中的装饰物，会成为一个整体，如图 4-209 所示。我们可以通过中心的操作轴对这个装饰物进行移动、旋转、缩放操作。

图 4-206　查看全部

图 4-207　素材库

图 4-208　元素

图 4-209　添加元素（1）

移动这个装饰物，将其放入场景的身后，如图 4-210 所示。

同样的方法，可以继续添加更多的装饰物进来，如图 4-211 所示。

图 4-210　移动元素

图 4-211　添加元素（2）

切换到“形象”选项卡，如图 4-212 所示。在这里，可以调整场景中角色的形象，具体包含了头和服装。

在“物体”选项卡中，可以对场景中的其他物体进行更换，如图 4-213 所示，包含了拖鞋、被子、物体、床等。

图 4-212　形象

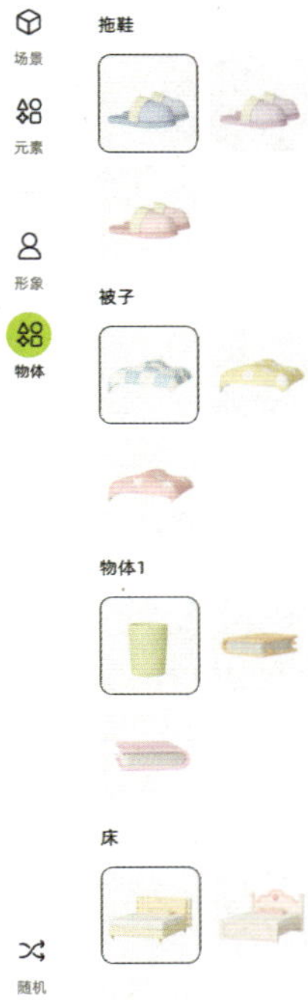

图 4-213　物体

在左下方，有一个“随机”按钮，点击即可快速生成一个随机的场景，如图 4-214 所示。如果想要随机寻找一些灵感，这是一个不错的功能。

图 4-214　随机

GENERATIVE AI

第 3 篇

AI 反应堆（高级功能）

第 5 章 经典生图

5.1 简洁模式

5.1.1 案例 1：AI 生成图片

在堆友的首页选择“AI 反应堆”，如图 5-1 所示。

图 5-1 AI 反应堆

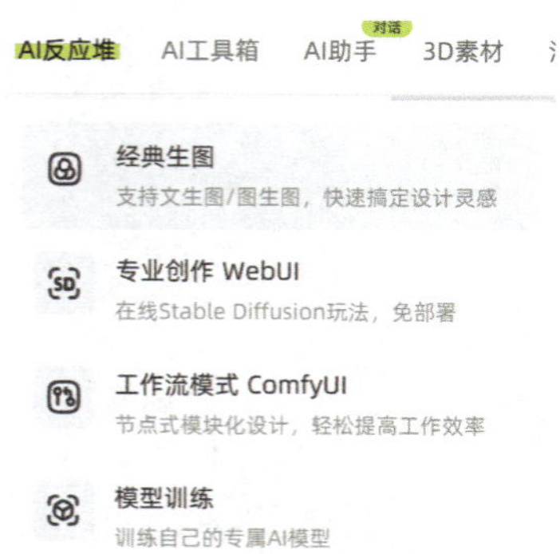

图 5-2 经典生图

或者在顶部菜单栏选择“经典生图”模式，如图 5-2 所示。

进入经典生图工作台。这个工作台主要分为两个部分，如图 5-3 所示。左侧是模型参数设置部分，可以进行参数的调节，右侧则是图片效果。最右侧的栏目是热门作品和历史记录，一般可以隐藏。

我们将这个工作台切分为以下几个区域，如图 5-4 所示：

① 顶部菜单栏：用于切换不同的模块，包含首页、AI 反应堆、AI 工具箱、AI 助手、3D 素材、活动。

② 侧边菜单栏：切换生图模式，有经典生图、专业创作、工作流模式、模型训练几部分。

③ AI 生图相关参数设置：包括模型、画面描述、图片参考等。

④ 图片效果预览：在这里可以预览和下载图片，右侧工具栏也能对图片进行相关编辑，

图 5-3　经典生图工作台

图 5-4　经典生图工作台分区

包含高清放大、一键抠图、同款拓展、人脸修复、局部重绘、垫图等。

⑤ 灵感库与历史记录。

在这个“经典生图”模式下，有两个小模式，默认的是“简洁模式”，更为高级的是“自由模式”，我们放在后面讲解，如图 5-5 所示。先来了解更为容易理解的“简洁模式”。

首先来了解 AI 生图的第一个步骤，就是挑选模型，如图 5-6 所示，在简洁模式中的“风格玩法”中挑选模型。在这里可以找到各式各样的模型，挑选模型可以简单地理解为挑选图片生成的风格。我们最终生成的风格很可能和模型封面的参考图风格接近，借用这样的方法，我们就可以挑选符合自己需求或审美的模型。

图 5-5　简洁模式与自由模式

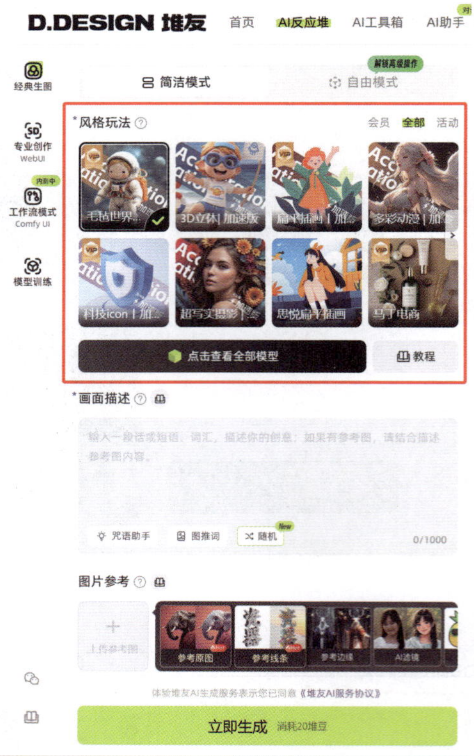

图 5-6　风格玩法

点击“点击查看全部模型”按钮，如图 5-7 所示，此时，会跳转到新的页面，能看到全部模型。

图 5-7　全部模型

在这个页面中，可以查询到堆友中所有的模型，可以在右侧搜索栏中输入关键字搜索，也可以在下方的标签分类中筛选，如图 5-8 所示。

将鼠标悬浮在模型预览图上方，会出现两个按钮，如图 5-9 所示。点击“查看作品”按钮，可以进一步了解该模型的效果，方便我们选择是否使用这个模型。

如图 5-10 所示就是使用该模型生成的一系列作品。

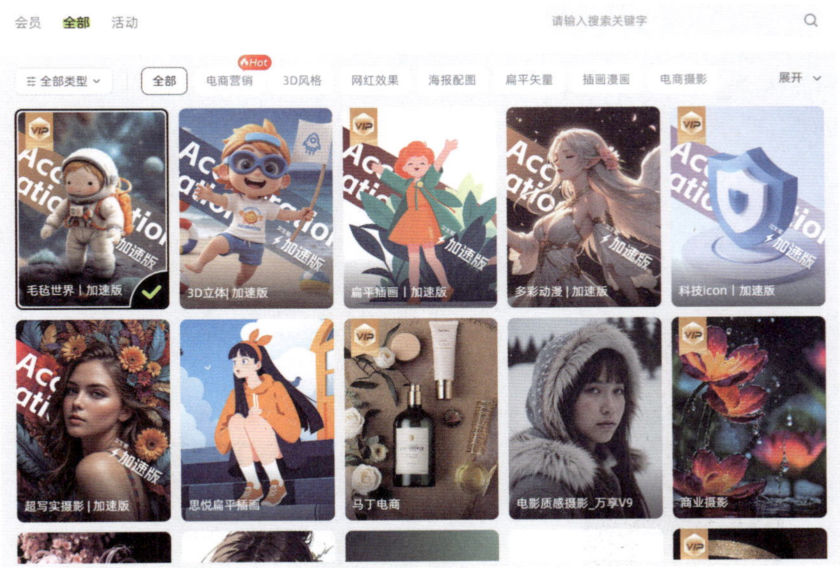

图 5-8　模型库

图 5-9　查看作品与使用模型

图 5-10　模型相关作品

鼠标悬浮在某个作品上，下方会出现“一键同款”的按钮，如图 5-11 所示，点击将会跳转到设置的页面，快速制作同款。

在画面描述的文本框中，将会自动填写提示词，如图 5-12 所示，只需要点击“立即生成”按钮即可。

图 5-11　一键同款

图 5-12　自动填写提示词

可以对比一下生成结果和之前作品之间的相似性，如图 5-13 所示。

图 5-13　生成结果

如果想要了解更多，还可以点击下方的“教程”按钮，查看“简洁模式”的相关教程，如图 5-14 所示。

简洁模式的教程页面，如图 5-15 所示，可以点击右侧的“更多教程”按钮，查看堆友教程大全。

下面我们来了解“AI 文生图”中，最为重要的内容——提示词，在堆友中称之为“画面描述”，如图 5-16 所示。我们可以在这里输入对于画面描述的一段话或者短语，如果有参考图，也需要描述参考图的相关内容。

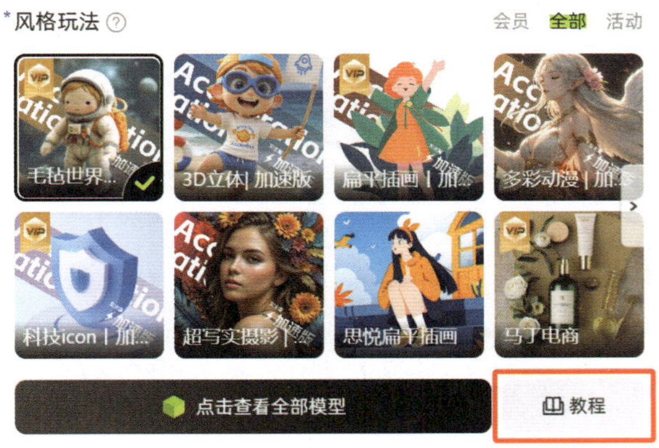

图 5-14　教程

图 5-15　简洁模式教程

如果是第一次使用，可能不一定想得到能输入的内容。如图 5-17 所示，不妨试试“咒语助手”这个功能，“咒语”是对提示词的另外一种称呼。AI 生图像是魔法师变魔法一样，我们需要编写“咒语”。

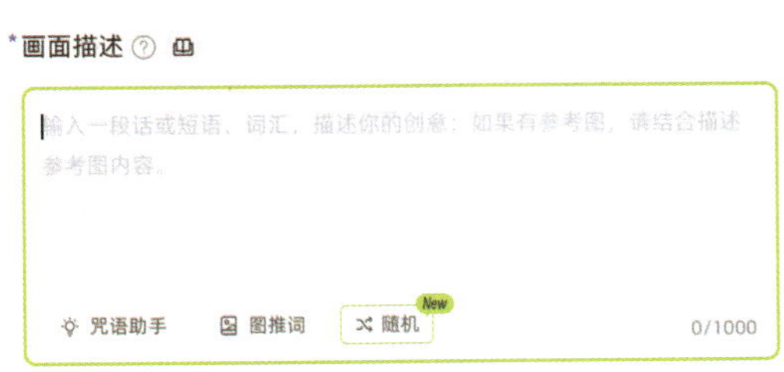

图 5-16　画面描述

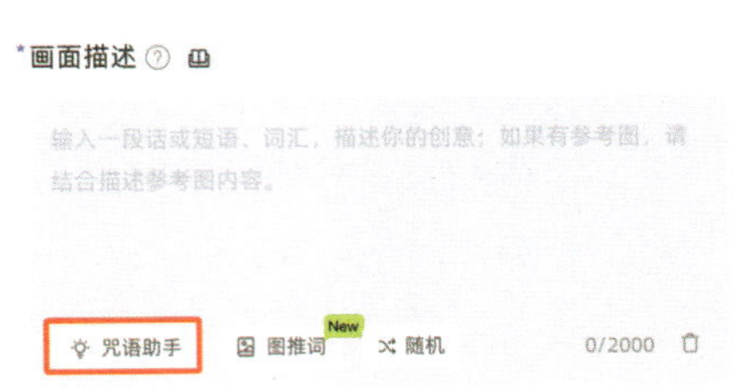

图 5-17　咒语助手（一）

在咒语助手中，有很多短语可供选择，如图 5-18 所示，包括画质提高、镜头构图、人物及主体等几部分内容。

图 5-18　咒语助手（二）

选择如下几个短语，如图 5-19 所示。

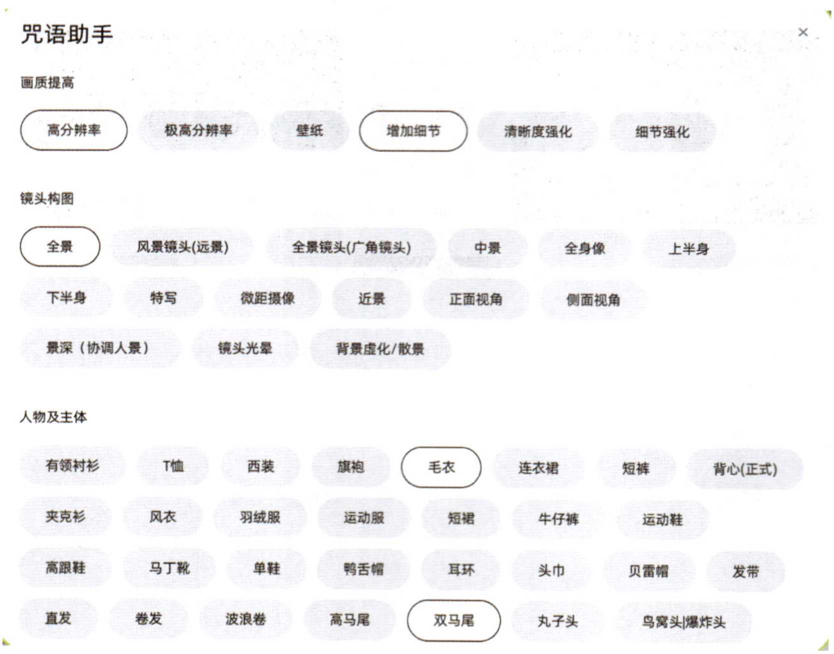

图 5-19　挑选咒语

选择完成后，选中的词会出现在文本框中，也可以手动输入或删除文字，如图 5-20 所示。

点击最下方的“立即生成”按钮，如图 5-21 所示。

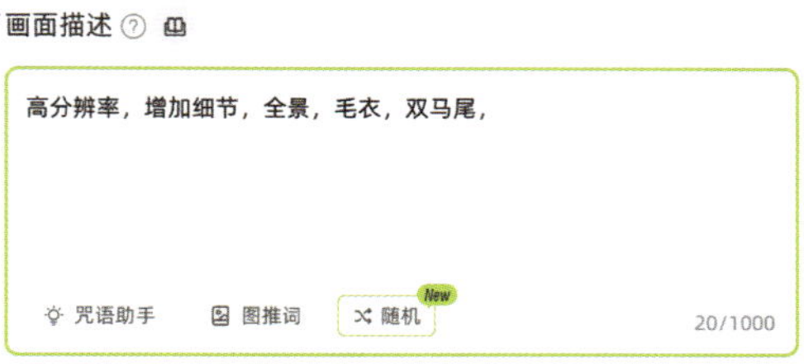

图 5-20　输入提示词

图 5-21　立即生成

在等待过程中，右侧的页面会弹出，我们可以点击箭头图标，将其隐藏，如图 5-22 所示。

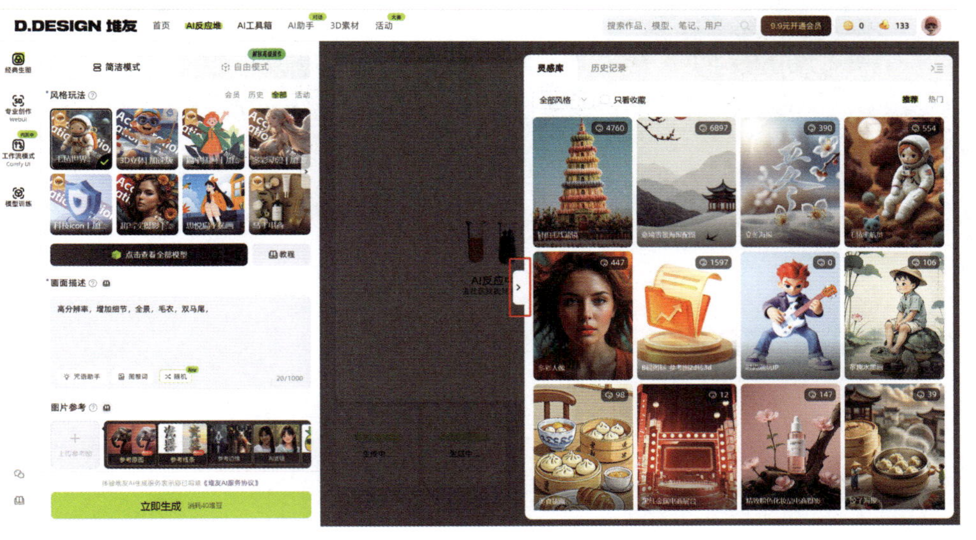

图 5-22　隐藏右侧面板

此时能看到等待画面，并且看得到等待的进度，如图 5-23 所示。

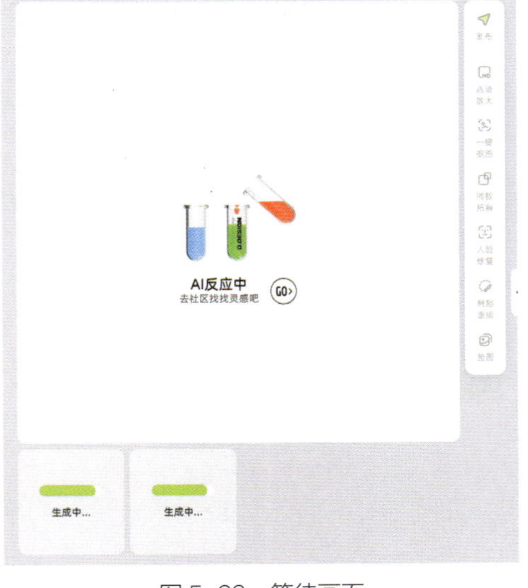

图 5-23　等待画面

最终的生成效果（AI 一次性给我们生成了若干张效果图），如图 5-24 所示。

可以看到另外的一个效果图，如图 5-25 所示。

图 5-24　生成结果

图 5-25　其他方案

5.1.2　案例 2：玩转参考图——2D 转 3D

讲解完了简洁模式的基础生图功能，下面来正式介绍“图片参考”这个功能，如图 5-26 所示。这是一个更为进阶的玩法，在生图过程中，可以不需要上传参考图。但是一旦上传参考图，AI 将优先参考这张图片，并基于这张图来生成相关的图片。点击图片参考的示例，可进入详情页。

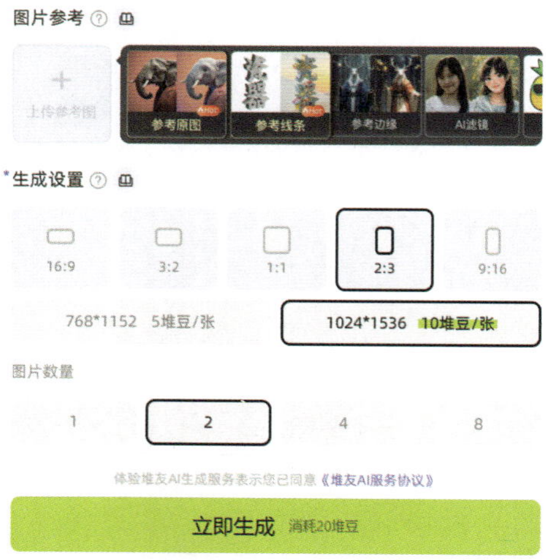

图 5-26　图片参考

参考图玩法详情页内容，如图 5-27 所示，每一个玩法我们都会详细介绍。

我们在“风格玩法”中，选择一个扁平化风格的模型，在文本框中输入如下提示词，如图 5-28 所示，得到一张扁平化的图片，将其保存到本地。

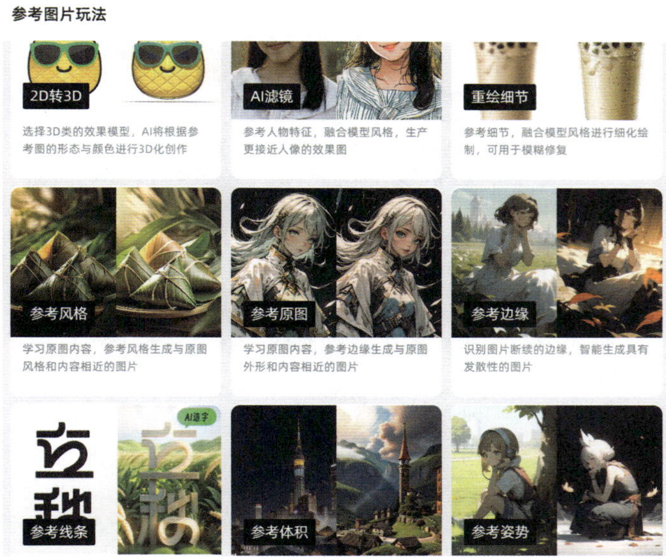

图 5-27　多种参考图玩法

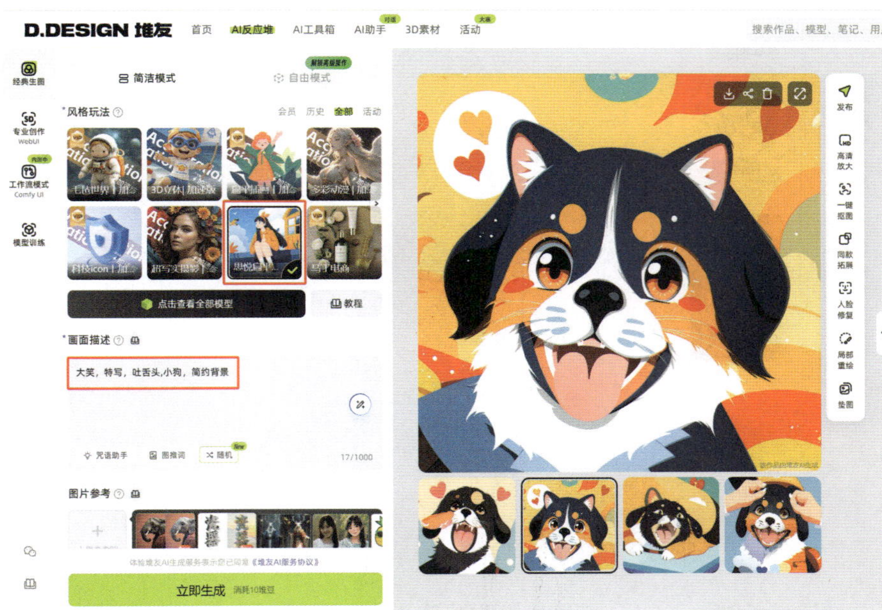

图 5-28　生成扁平化图片

将这张图上传到堆友，作为参考图，如图 5-29、图 5-30 所示。

图 5-29　上传参考图

图 5-30　本地参考图

上传完成以后，点击右下角的“确定”按钮，如图 5-31所示。

图 5-31　上传完成

点击“请选择玩法”按钮，如图 5-32 所示。

选择“2D 转 3D”玩法，下方会有该玩法的效果介绍，如图 5-33所示。

图 5-32　选择玩法

图 5-33　选择玩法

选择以后，下方会有一个“参考程度”滑块，这里可以设置参考图的权重，数值越大，AI 越会参考上传的图片，数值越小，就会越不基于参考图，如图 5-34 所示。

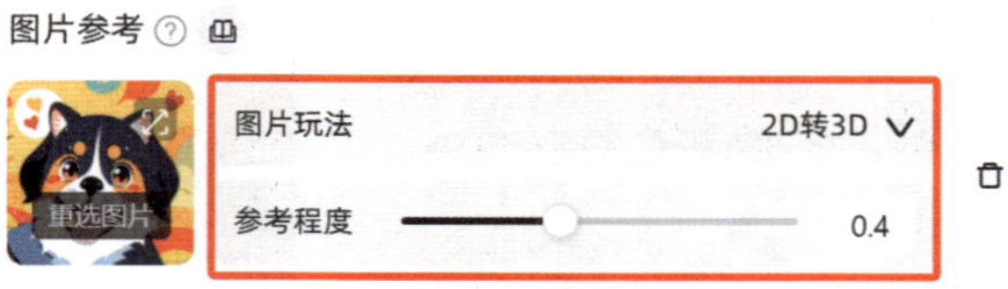

图 5-34　参考程度

下面选择“3D 立体”模型，如图 5-35 所示，再生成图片。

生成完成后，AI 会添加一些阴影，增添 3D 效果，如图 5-36 所示。

图 5-35　3D 立体模型

图 5-36　生成结果

如图 5-37 所示是一张动漫图片，效果比较扁平。我们将其放入参考图中。

将图片玩法设置为“2D 转 3D”，参考程度为 0.8，如图 5-38 所示。

图 5-37　动漫图片垫图

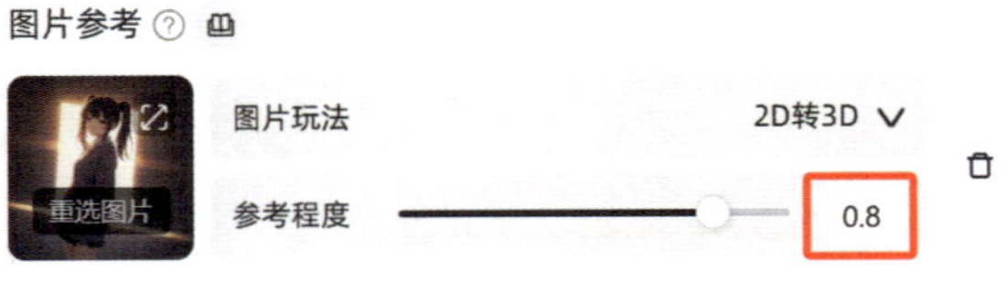

图 5-38　图片参考

模型设置为“3D 立体”，如图 5-39 所示。

此时，这张人物会被修改为 3D 模型风格，如图 5-40 所示。

图 5-39　选择模型

图 5-40　生成结果

5.1.3　案例 3：玩转参考图——AI 滤镜

接下来介绍“AI 滤镜”功能。通过效果对比图与相关描述，可以大致理解它的含义，如图 5-41 所示。

在“风格玩法”中，挑选“唯美写真”模型，并填写画面描述，如图 5-42所示。

图 5-41　AI 滤镜

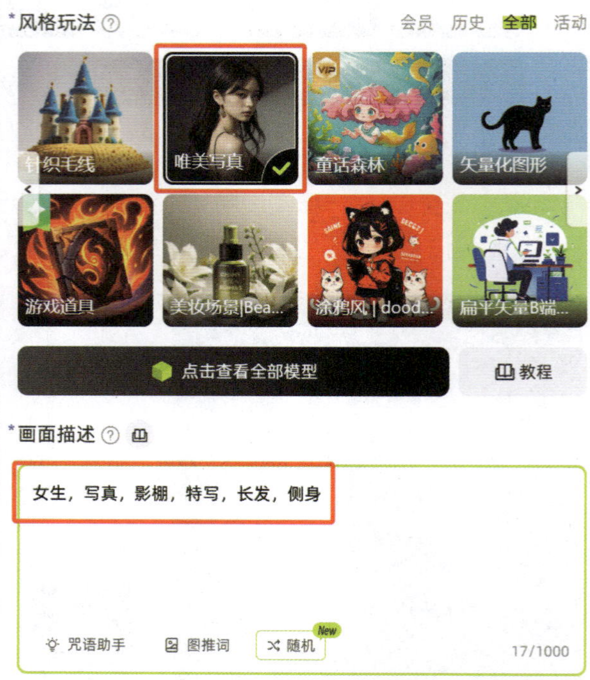

图 5-42　设置参数

选择自己喜欢的图片，点击下载按钮，将其保存到本地，如图 5-43 所示。

同样的步骤，上传到堆友，如图 5-44 所示。

还有一种快速的办法，点击图片右侧末端的“垫图”按钮，选择“简洁模式参考图”，可以一键调用该图作为参考图，如图 5-45 所示。

图 5-43　下载图片

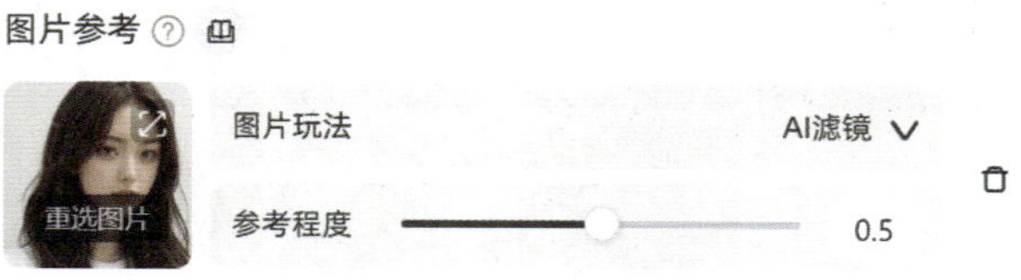

图 5-44　上传

选择“Q 萌可爱”模型，如图 5-46 所示。

图 5-45　垫图

图 5-46　选择模型

AI 滤镜结合参考图和模型的效果，生成图片如图 5-47 所示。

图 5-47　生成结果

同样是这张图，我们更换一个模型，选择“多彩动漫”模型，如图 5-48 所示。

生成效果如图 5-49 所示。

图 5-48　更换模型

图 5-49　生成结果

再次更换模型，探索不同模型给同一张图带来的不同效果，如图 5-50 所示。将模型设置为“思悦扁平”。

得到了一张色彩丰富的漫画扁平效果，如图 5-51 所示。

图 5-50　更换模型

图 5-51　生成结果

将模型设置为“Q 版可爱”，如图 5-52所示。

图 5-52　更换模型

同时更换参考图，这张参考图大家可以使用如图 5-53 所示的提示词生成。首先将模型更换为写实风格的模型，然后再将这张图作为垫图。

得到了一张更为卡通风格的图片，生成效果如图 5-54 所示。

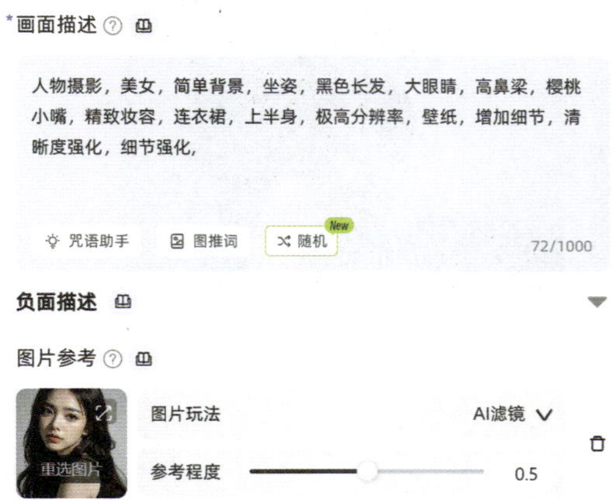

图 5-53　填写提示词并垫图

图 5-54　生成结果

下面我们再替换一张垫图，垫图的生成过程就不再赘述，如图 5-55 所示。

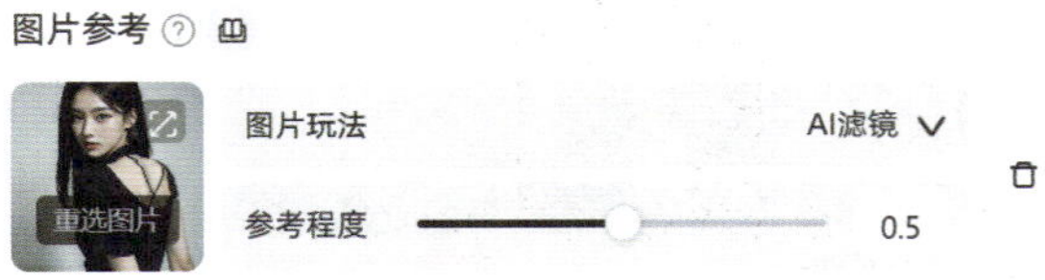

图 5-55　替换垫图

替换模型，将其设置为“国风手绘”，如图 5-56 所示。

图 5-56　替换模型

AI 融入了一些国风元素，并且也修改了人物面部的妆容，如图 5-57 所示为原图（右）和生成结果（左）进行对比。

图 5-57　结果对比

5.1.4　案例 4：玩转参考图——重绘细节

重绘细节这个参考图玩法最常用于提升画面细节与清晰度。我们首先需要准备好一张模糊的图片，上传到参考图中作为垫图。选择“唯美写真”模型如图 5-58 所示。

图 5-58　选择模型

输入提示词如图 5-59 所示，并且选择“重绘细节”参考图玩法。

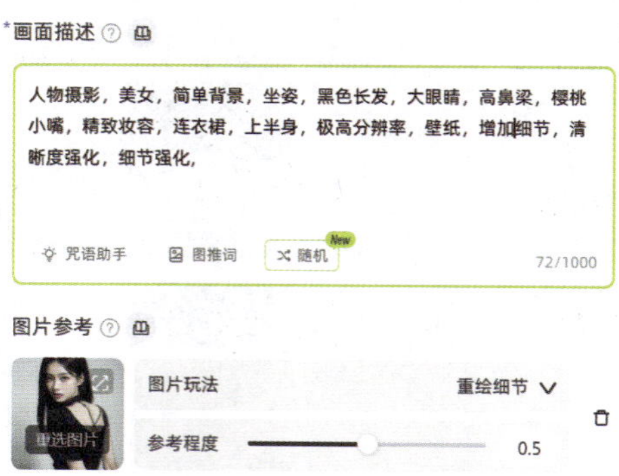

图 5-59　填写提示词与选择玩法

左侧是一张模糊的图，右侧是 AI清晰后的图片，如图 5-60 所示。

图 5-60　参考图与生成结果对比

5.1.5　案例 5：玩转参考图——参考风格

参考风格玩法（如图 5-61 所示）可以用于 AI 修图，瞬间提升图片的色彩、对比度、明度等信息。选择一张需要修的图片，选择目标模型，AI 可以根据模型的参数，对上传的图片进行自动“修图”，但是，可能会修改参考图中的一些信息。

图 5-61　参考风格玩法

了解原理以后，我们选择“美妆场景”模型，填写提示词，如图 5-62所示。

得到一张广告图，如图 5-63 所示，将其设置为垫图。

图 5-62　选择模型并填写提示词

图 5-63　生成结果

选择“电商洗护”模型，如图 5-64 所示。切换“参考风格”玩法，生成图片。

左侧是原图，右侧是通过参考风格修改的结果图，如图 5-65 所示。因为都是电商类型的模型，所以结果比较类似。可以切换不同类型的模型尝试，或者使用一张拍摄的照片，对比会更加明显。

图 5-64　参数设置

图 5-65　效果对比

5.1.6 案例 6：玩转参考图——参考线条

“参考线条”玩法会严格使用参考图中的黑白灰信息，并以此进行 AI 创意，如图 5-66 所示。最为常用的一种方式就是创意文字海报。

根据这个特性，可以准备一张黑白图片，如图 5-67 所示是一张黑白文字图片，将其上传到堆友中作为垫图。

图 5-66　参考线条玩法

图 5-67　黑白参考图

上传完成以后，选择“参考线条”模式，如图 5-68 所示，并且选择合适的模型，本案例选择了“鸿运迎新春”模型。不同的模型可能产生截然不同的效果，所以推荐读者踊跃尝试各种不同的模型，探索更多 AI 的用法。填写好“画面描述”以后，就可以点击下方的“立即生成”按钮了。

AI 会根据黑白图像，外加模型算法，很快生成海报图像，如图 5-69 所示。这类图像可以作为平面海报元素、创意灵感。

图 5-68　相关参数设置

图 5-69　生成结果

用同样的垫图，但是更换模型和提示词，如图 5-70 所示，可以生成新的内容。得到了另外一张完全不同风格的图片，如图 5-71 所示。

图 5-70　更换参数

图 5-71　生成结果

再更换一个模型，但是不更换提示词和垫图，如图 5-72 所示，尝试生成更多结果。

生成一张比较符合春节活动的贴纸，如图 5-73 所示。AI 可以一次性生成多张图，方便我们挑选最佳结果。

图 5-72　更换模型

下面，我们来更换垫图，使用图片如图 5-74 所示。

选择“针织毛线”模型，如图 5-75 所示。保持之前的提示词内容。

图 5-73　AI 生成结果

图 5-74　更换垫图

得到针织文字效果的带有春天感觉的海报，如图 5-76 所示。

下面我们用黑底白字的图片作为垫图，如图 5-77 所示。

图 5-75　设置相关参数

图 5-76　生成结果

图 5-77　垫图

经过一些尝试，发现不合适的模型会导致错误效果，如图 5-78 所示。如果想要达到满意的效果，还是需要大量测试，最终掌握一定的规律，就可以举一反三了。

图 5-78　生成结果

5.1.7　案例 7：玩转参考图——参考原图

图 5-79　准备好素材图

首先使用一张人物动漫图片，如图 5-79 所示。这张图片也可以使用 AI 直接生成，将其作为垫图，生成过程这里就不再赘述。

在“图片参考”的属性面板中，选择“参考原图”这个玩法，参考程度设置为 0.4，如图 5-80 所示。

点击下方的“查看全部模型”按钮，找寻相关模型，如图 5-81 所示。

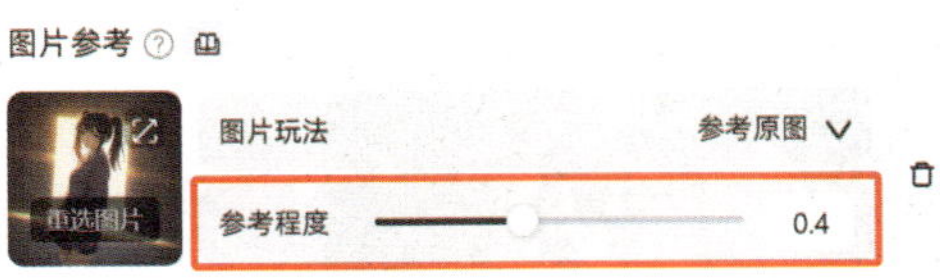

图 5-80　图片参考

图 5-81　查看模型

搜索并点击“简约卡通”模型，如图 5-82 所示。

填写提示词，设置相关参数，点击下方的“立即生成按钮”，如图 5-83 所示。

此时 AI 会生成若干张内容相近的图片，如图 5-84 所示。

图 5-82　选择模型

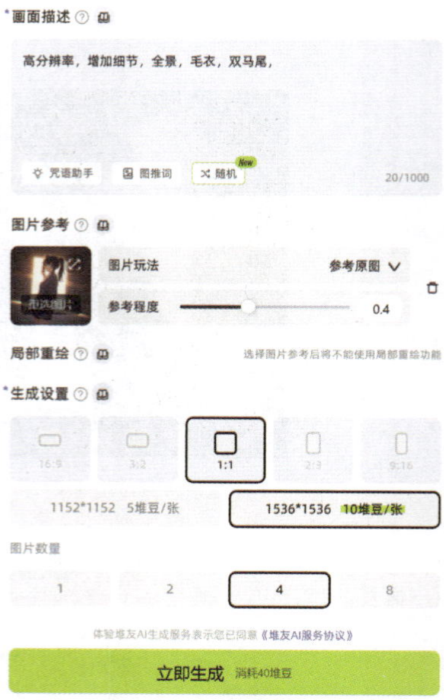

图 5-83　生成图片

图 5-84　生成结果

我们来比对一下垫图（左）和生成结果（右）的区别，如图 5-85 所示。可以看出，AI 根据参考图，添加了比较多的细节。

图 5-85　效果对比

将参考程度设置为 1，再次生成一下看看效果，如图 5-86 所示。

图 5-86　参考程度

图 5-87　垫图效果

可以看到更加贴近垫图效果，同样也增加了许多细节，如图 5-87 所示。

5.1.8　案例 8：图片工具栏的应用

在图片预览区域的右侧有一个工具栏，这是对图片进行细致调整的区域，如图 5-88 所示，内容包括：发布、高清放大、一键抠图、同款拓展、人脸修复、局部重绘、垫图。

首先来讲解“发布”功能，这是一个可以将个人作品发布到堆友平台，与其他创作者交流的功能，如图 5-89 所示，点击之后，就会跳转到发布的详情页。

图 5-88　图片工具栏

图 5-89　发布作品

在详情页中，需要给作品添加名称和标签，也能看到作品的生成模式、参考图、参考图玩法等信息，如图 5-90 所示。

图 5-90　发布详情页

“高清放大”这个功能可以增加图片的分辨率，如图 5-91 所示。

被放大的图片会标记“HD”，并且不能被再次放大，如图 5-92 所示。

一键抠图这个功能会自动识别图像中的主体物，并且去除背景，如图 5-93 所示，但是需要主体物和背景都相对简单，并且区分明显。

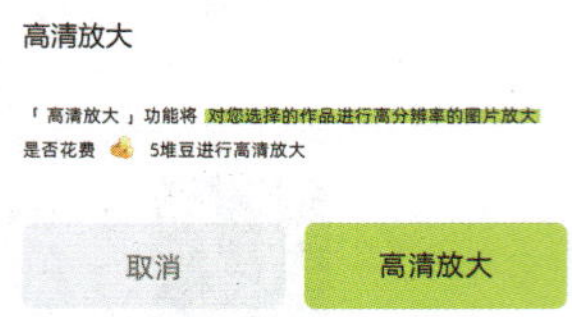

图 5-91　高清放大

图 5-92　不支持二次放大

图 5-93　一键抠图

点击抠图按钮以后，会跳转到一个确认窗口页面，其中会有关于一键抠图的功能简介，如图 5-94 所示。点击“确认抠图”按钮，即可完成抠图。

抠图完成以后，可以点击下方的“下载图片（png）”按钮，如图 5-95 所示。此时，下载的图片是带有透明背景的图片。

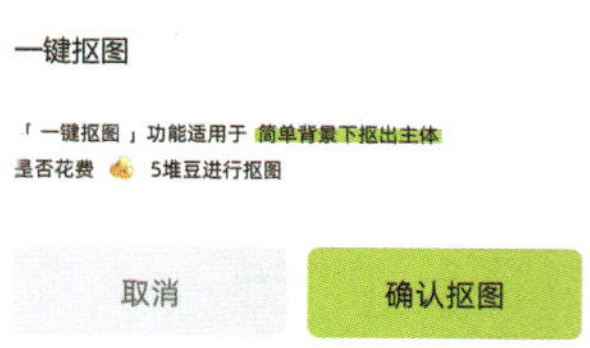

图 5-94　确认抠图

图 5-95　下载图片

在这之后，“一键抠图”的按钮将会转变为“查看抠图”的按钮，如图 5-96 所示。

“同款拓展”可以对原有的图像进行“微调”，通过调整原来的提示词进行调节，如图 5-97 所示。点击以后，会进入详情页。

在这里可以修改提示词，在原有的基础之上，添加新的一行提示词，点击“立即生成”，如图 5-98 所示。

图 5-96　查看抠图

图 5-97　同款拓展

生成新的结果会参考原来的图像，如图 5-99 所示。

图 5-98　微调提示词

图 5-99　生成结果

5.2 自由模式

5.2.1 案例 1：底层模型 Check Point 与增益效果 Lora 的搭配使用

经典生图有两种模式，一种是之前介绍过了的“简洁模式”，如图 5-100 所示，另外一种就是“自由模式”，这个模式相比简洁模式而言更为自由，但是也更复杂，适合我们了解“简洁模式”之后，需要更多元的控制时使用。在介绍之前，大家可以对比一下之前学过的“简洁模式”，寻找它们之间的异同。

图 5-100　自由模式

在一开始，就有两个比较大的区别，如图 5-101 所示。首先自由模式的“底层模型”相当于简洁模式的“风格玩法”，可以理解为整个图片将来的风格调性。底层模型是特定内容 / 风格的预调模型，能较好地产出与对应模型描述相关的图片。

另外，自由模式下方多出了一个“增益效果”，可以搭配“底层模型”使用，也可以不添加，如图 5-102 所示。这个增益效果添加以后图片可以有更丰富的效果，在底层模型的基础上，可以更好地调用特定的人、物、风景、设计内容、画面风格等的模型，对所需要的图片效果做精准调用。

堆友是基于 Stable Diffusion 开发的 AIGC 平台，但在此基础之上，也做了一些优化调整。在 Stable Diffusion 中，有 Check Point（大模型）、Lora、VAE、Hypernetwork、Embedding 等参数。而堆友中，核心就两类，一类是底层模型 Check Point（大模型），一类是 Lora 增益模型。如图 5-103 是堆友中 WebUI 的工作台，我们会在后面的章节中讲解。

图 5-101　风格玩法

图 5-102　增益效果

大模型通常具有较大的文件体积，数据量可能在 1GB 到 10GB 之间，这意味着它们拥有更广泛的知识面。因此，无论你提出什么问题，大模型都能提供较为准确的答案，这正是我们所说的“泛化性较好”的模型。

相比之下，Lora 模型的数据输入量较小，可能仅包含 10MB 的训练集文件，其知识面相对较窄，只能针对特定形态生成图像，即所谓的“特化型模型”。如果增加 Lora 的权重，生成的图像效果会受到其特化知识的影响。

在首页下滑，顶部的菜单栏有一项是“模型”，切换后，我们可以看到堆友中的热门模型，如图 5-104 所示。

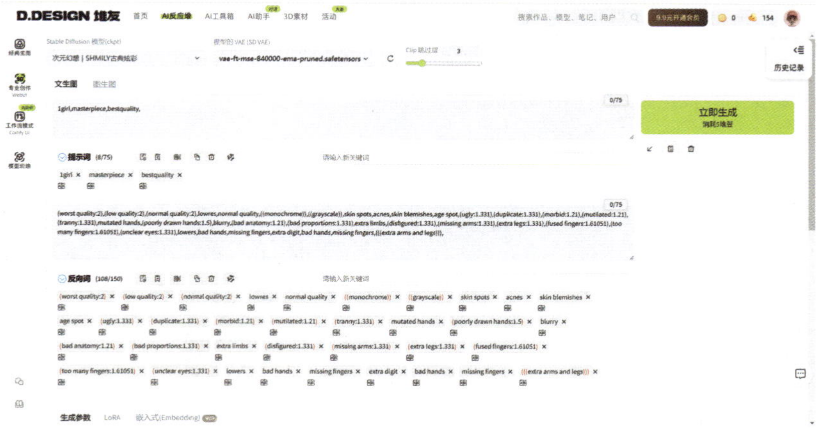

图 5-103　WebUI 工作台

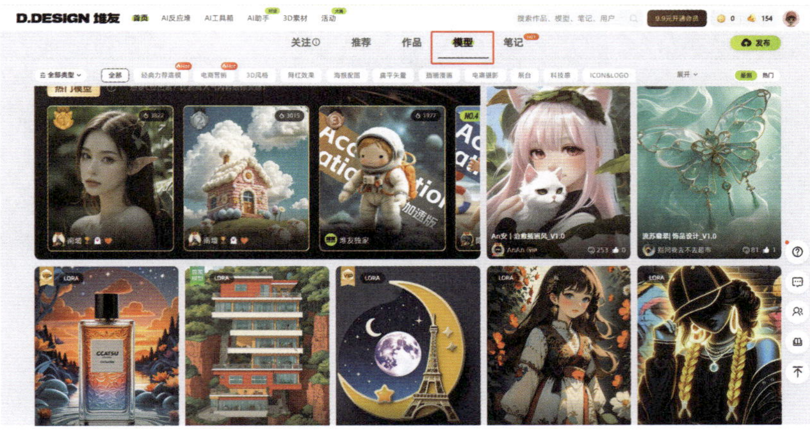

图 5-104　切换模型

点击可以看到模型的介绍，比如模型类型、基础模型、标签，如图 5-105 所示。

图 5-105　模型详情页

在这一页面往下滑，可以看到更多用该模型制作出来的作品，如图 5-106所示。通过给出的作品，可以快速判断出该模型是否符合我们的需求，选用该模型是否可以生成类似的效果。这是挑选合适模型的一种常用方法。

图 5-106　同款模型作品

在堆友中，模型数量非常多。主要分为：电商营销、3D 风格、网红效果、海报配图、扁平矢量、插画漫画、电商摄影、展台等，如图 5-107 所示。

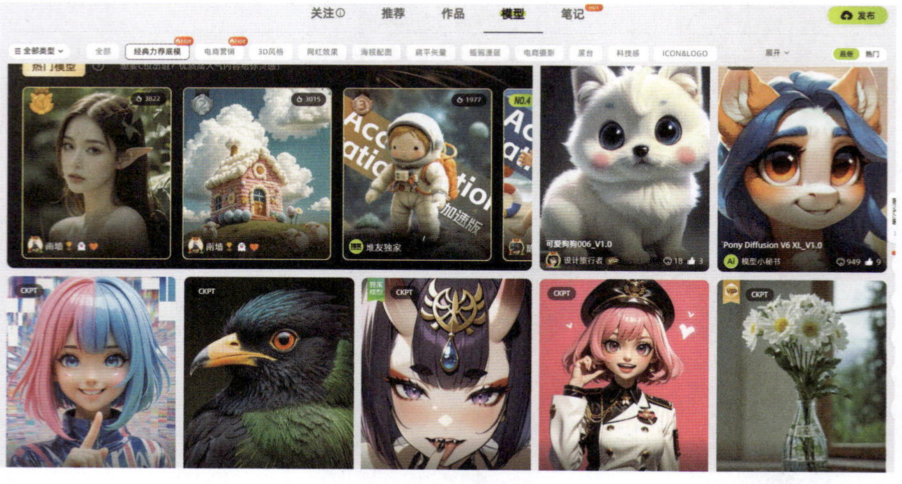

图 5-107　更多模型

除了在首页查找以外，我们还能在自由模式中，点击下方的“点击查看全部模型”按钮，如图 5-108 所示，在跳转出来的新页面中找寻所有的模型。

当我们将鼠标悬浮在一个模型预览图上时，就会出现两个按钮：查看作品、使用模型。点击“查看作品”按钮，如图 5-109 所示。

图 5-108　查看全部模型

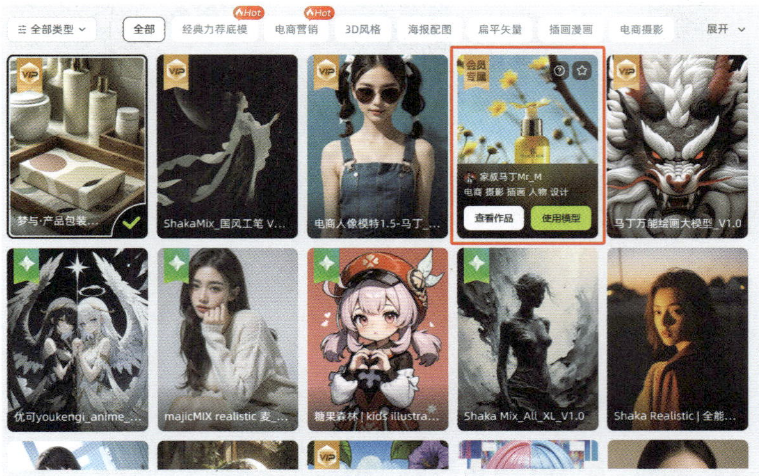

图 5-109　模型查看页面

此时能查看使用这个模型生成的作品，如图 5-110 所示。

同样的操作，我们再来看看另外一个模型，如图 5-111 所示，点击“查看作品”按钮。

图 5-110　同款模型作品

图 5-111　查看作品

如图 5-112 所示是使用该模型生成的作品。

图 5-112　同款模型作品

在模型的分类栏中，下拉可以展示出更多的分类，如图 5-113 所示。可以根据情况，筛选不同的模型类别。

图 5-113　模型分类

下面我们来了解一下增益效果（Lora）的添加方式和效果，如图 5-114所示。

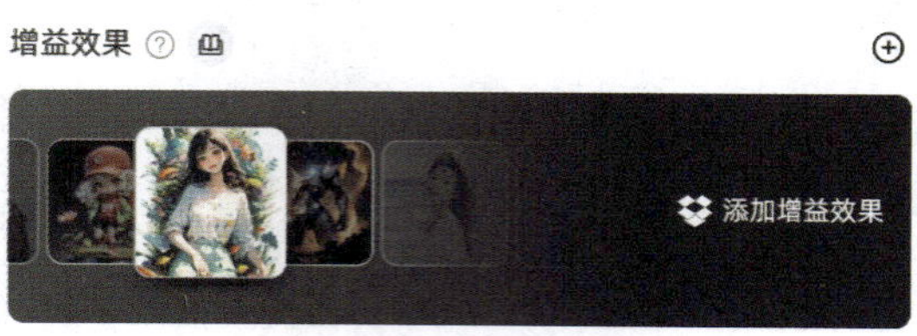

图 5-114　增益效果

在这里，我们可以挑选各式各样不同效果的增益效果模型，如图 5-115 所示。

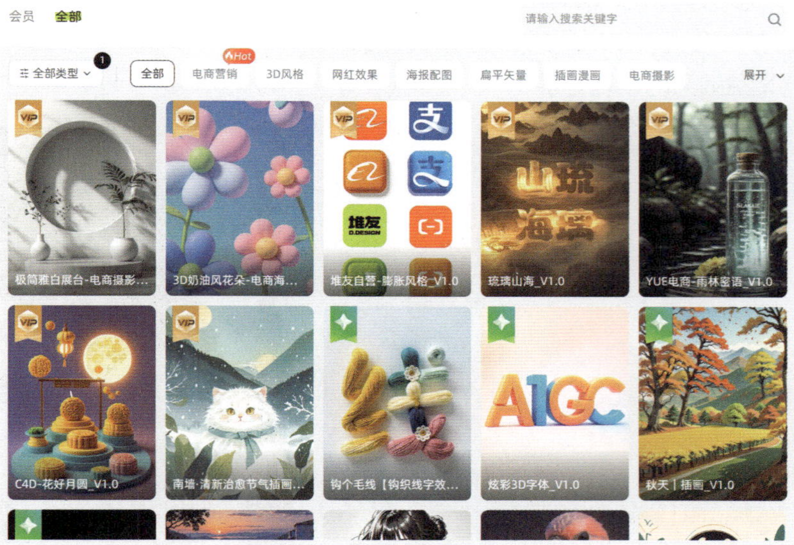

图 5-115　全部增益效果页面

首先来生成一张没有带增益效果的图片，如图 5-116 所示，底层模型选择 majicMIX 模型，在画面描述中输入提示词。

因为我们选择的是一个真人效果的模型，所以也会得到真人效果的图片，如图 5-117 所示。

图 5-116　选择模型并输入提示词

图 5-117　生成结果

在增益效果中，选择“UIA| 商业设计风格”，参考程度选择默认的 0.6，提示词与底层模型参数保持不变，如图 5-118 所示。

会得到一张带有建筑室内背景的人物肖像图，如图 5-119 所示，这个结果融入了底层模型的角色与增益效果的建筑背景。

图 5-118　添加增益效果

图 5-119　生成结果

我们在增益效果中，尝试探索一下这里的“参考程度”，将其从原来的 0.6 变为 1.1，如图 5-120 所示。

会得到一种不真实的效果，这个结果更加参考了增益效果的模型，所以人物产生了错误的效果，如图 5-121 所示。所以过大的参数会带来不真实或者错误的结果。

图 5-120　增加参考程度

图 5-121　错误效果

在增益效果的右上方，可以看到一个加号按钮，如图 5-122 所示，点击后，可以添加新的增益模型，意思是可以添加多个增益模型。

此时，会弹出一个提示窗口，这个窗口提示我们“所有增益效果的参考程度相加尽量不要超过 1.2”，如图 5-123 所示。

此时再添加一个“清水 · 水果壁纸”的增益效果模型，如图 5-124 所示。将下方两个增益效果模型分别设置为 0.4、0.5，底层模型与提示词保持不变。

图 5-122　添加多个增益模型

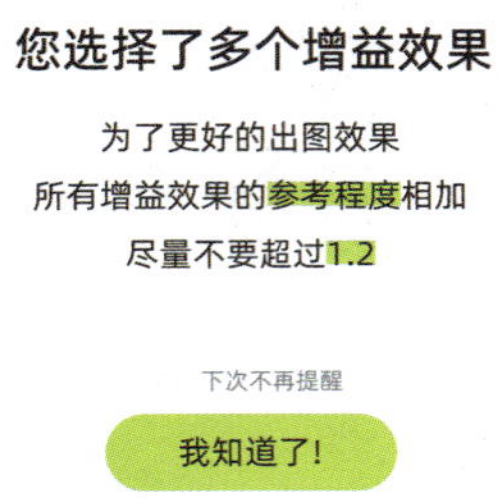

图 5-123　提示

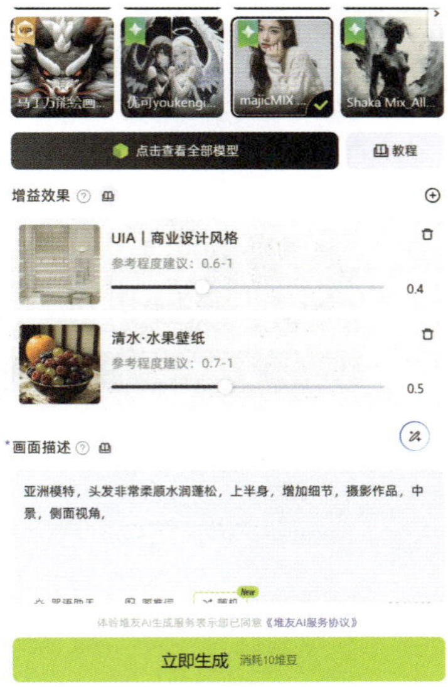

图 5-124　添加增益模型

我们会得到模特 + 白色风格室内背景 + 水果的结果，如图 5-125 所示是 AI 生成的多张结果，供大家学习体会。

图 5-125　生成结果

5.2.2　案例 2：合理使用反向提示词

提示词是 AI 生图工具中非常重要的一项功能，AI 能根据合理准确的提示词，生成最终的结果，所以掌握输入提示词的方法是非常重要的。在前面的案例中，我们已经使用过了提示词的功能，接下来，需要了解“反向（负面）提示词”的作用。

在堆友中反向提示词（negative prompt)被称为“负面描述”，而常规的提示词实际上是“正向”提示词（positive prompt)，输入的逻辑是类似的，都是输入精确的短语。但是反向提示词是输入画面中不希望有的内容，从而避免一些画面错误。

下面举一个例子，选择之前案例所用到的底层模型 majicMIX 和增益效果“UIA | 商业设计风格”，并输入正向提示词，如图 5-126 所示。

可能会生成五官、脸型有瑕疵的图像，如图 5-127 所示。

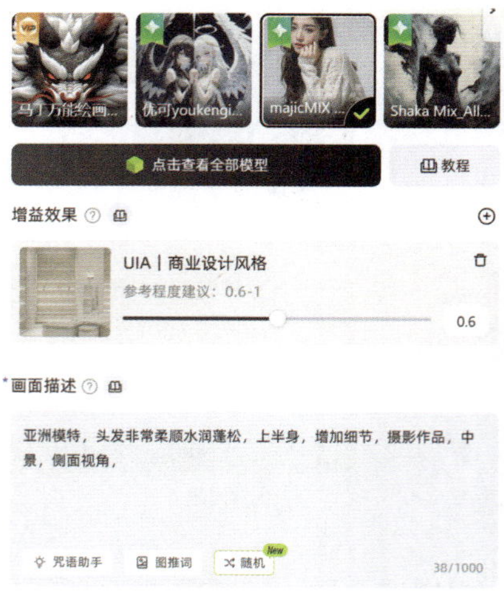

图 5-126　参数设置

图 5-127　瑕疵图像

接下来，我们在“负面描述”中，输入不希望出现的内容，如图 5-128 所示。

再次生成内容，就会避免了之前的一些错误，如图 5-129 所示。

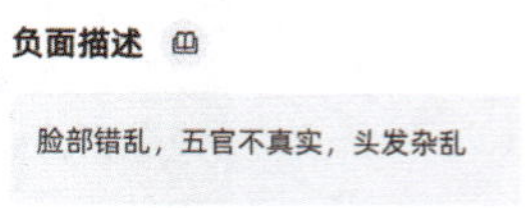

图 5-128　负面描述

常用的负向提示词有两类，一类是提升画面品质的提示词，另外一类是避免图片产生奇怪图像的提示词。以下是一些可以用在反向提示词中的常用提示词。

① 提升画面品质的提示词：

easy negative 易于消极的；worst quality 质量最差的；low quality 质量低劣的；normal quality 普通质量的。

② 避免图片产生奇怪的图像的提示词：

lowers 下降 / 降低；monochrome 单色的；grayscales 灰阶的；skin spot 皮肤斑点；acnes 痤疮；skin blemishes 皮肤瑕疵；age spot 老人斑；6 more fingers on one hand 一只手额外的六个手指；deformity 畸形；bad legs 腿部不好的；error legs 腿部错误的；bad feet 脚不好的；malformed limbs 畸形的四肢部位；extra limbs 额外的肢体部位。

图 5-129　生成结果

根据上方的反向提示词，我们可以总结一下：反向提示词简单地说就是比较丑的、难看的、不需要的效果。

有一点需要注意，反向提示词建议大家使用英文，在一些情况下会更有修复力。不使用反向提示词时的参数如图 5-130 所示。

生成效果会有较多不自然与错误的地方，如图 5-131 所示。

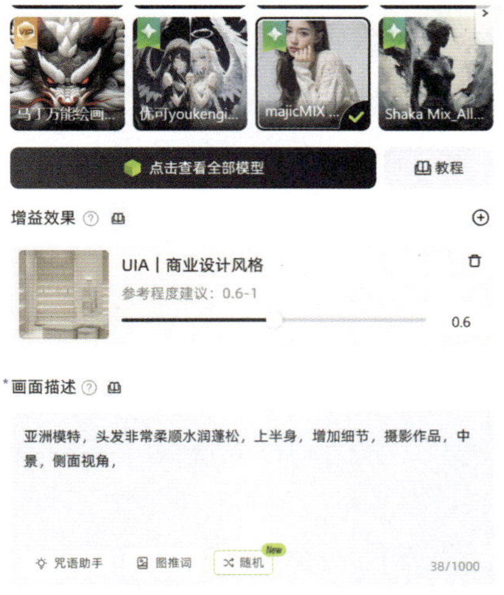

图 5-130　不使用反向提示词

图 5-131　错误效果

添加中文反向提示词，再次生成，如图 5-132 所示。
得到了一张更好效果的图片，但是，脸部和手部会有一些缺陷，如图 5-133 所示。

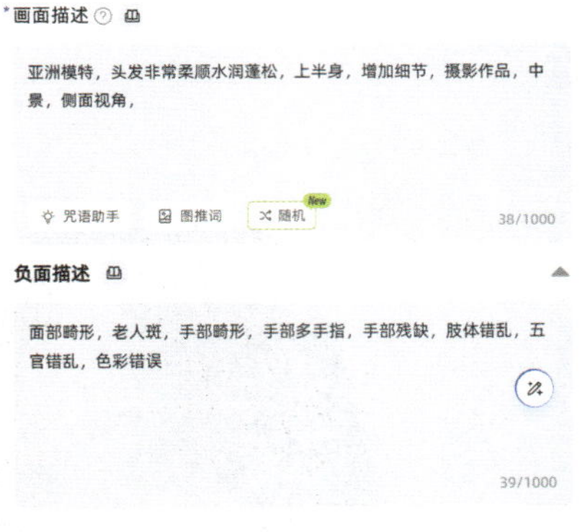

图 5-132　添加中文反向提示词

图 5-133　图像缺陷

将反向提示词翻译为英文，再次生成图片，如图 5-134 所示。
此时，只有手部仍有一些瑕疵，但大部分都已经修复，如图 5-135 所示。

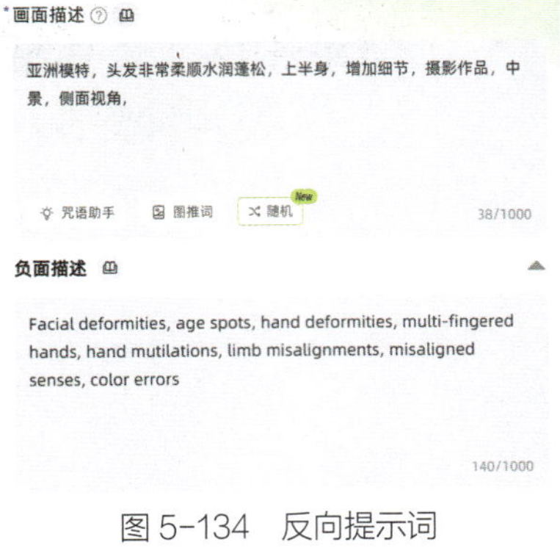

图 5-134　反向提示词

图 5-135　生成效果

5.2.3 案例 3：轻松消除、添加画面内容——局部重绘

在深入探讨局部重绘技术之前，我们首先需要理解一个核心概念：蒙版。蒙版是一种图像处理技术，它的主要作用是保护或隔离图像中的特定区域，确保这些区域在编辑过程中不受任何修改或特效的影响。在图像编辑软件如 Adobe Photoshop 中，蒙版的应用形式多样，包括图层蒙版、剪贴蒙版、矢量蒙版以及快速蒙版等。

基于颜色的运用：黑色用于完全隐藏或保护的区域，白色代表完全可见的区域，而灰色则表示部分透明或半透明的区域。

通过巧妙地运用蒙版，用户能够在不破坏原始图像的基础上，对图像的特定部分进行精细的选择和修改。这种技术在图像编辑领域中至关重要，它为创作者提供了一种灵活而精确的方式来控制图像的最终呈现效果。

图 5-136　局部重绘（一）

在左侧的参数面板中有“局部重绘”的参数面板，如图 5-136 所示。在这里可以上传参考图，右侧会有一个局部重绘的功能示意图。

另外也可以在图片区域的右侧工具栏中，点击“局部重绘”按钮，进入重绘工作页面，如图 5-137 所示。

在这里，可以绘制需要改变的区域，如图 5-138 所示。我们可以用画笔工具涂抹需要修改的地方，也可以用橡皮工具擦除多余的区域。

图 5-137　局部重绘（二）

图 5-138　局部绘制

使用画笔工具涂抹完成以后，会出现荧光绿的颜色，如图 5-139 所示。

也可以切换到橡皮擦工具，去除多余的区域，如图 5-140 所示。

反转选区可以让 AI 作用选区之外的区域，如图 5-141 所示。再次点击，就可以退回到原来的状态。

选区制作好以后，点击下方的“完成选区”按钮，如图 5-142 所示。

图 5-139　涂抹完成

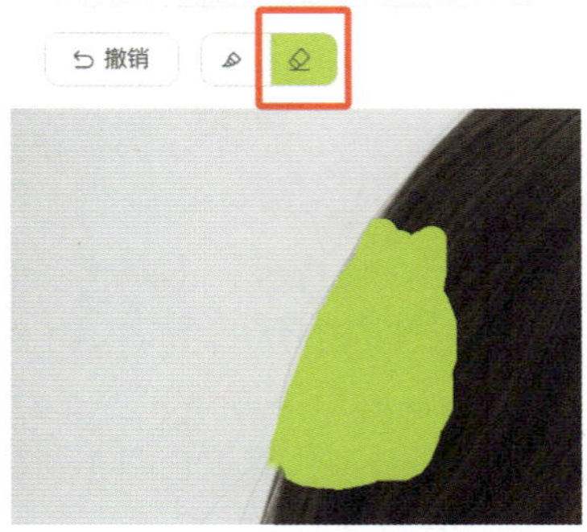

图 5-140　橡皮擦工具

图 5-141　反转选区

图 5-142　完成选区

此时，左侧的局部重绘面板会记录，白色代表激活区域，黑色代表屏蔽区域。一切设定好以后，再次生成图片，如图 5-143 所示。

此时，头发上就会有一个新的装饰物，而选区以外的区域并没有任何改变，如图 5-144 所示。

图 5-143　局部重绘

图 5-144　局部修改

5.2.4 案例：采样方法详解

在生成图片的过程中，Stable Diffusion 技术通过在隐层空间（latent space）中逐步去除噪声来生成清晰的图片。这个过程起始于一张完全由噪声构成的图像，随后噪声预测器对这些噪声进行预测，并通过减去预测的噪声的方法来逐步清晰化图像。每一步去噪都会产生一个新的图像样本，这个过程被称为采样，而用于采样的具体技术则称为采样方法或采样器。

采样方法的选择对生成图像的质量和速度有着显著的影响。不同的采样方法，如 DDIM、DDPM、PLMS 等，具有不同的特性，适用于不同的场景和需求。例如，DDIM 方法以其快速的生成速度受到青睐，而 DDPM 则在图像质量上更胜一筹。在实际应用中，用户可以根据需要在速度和质量之间做出权衡。

此外，Stable Diffusion 的采样过程还可以通过调整噪声水平（noise schedule）来控制每一步的噪声强度，从而影响最终图像的细节和清晰度。增加采样步数，可以降低每一步之间的噪声幅度，有助于减少采样的截断误差，从而提高图像质量。

在自由模式中，左侧下方的“高级参数”里，会有一个“采样方法”，如图 5-145 所示。点击这个区域就可以查看堆友提供的所有采样方法。默认状态下是 Euler a- 快速标准。

不同的采样方法（图 5-146）会有不同的效果和特点。下面，使用同样的提示词和模型，但是选择不同的采样方法，来测试不同算法的效果。

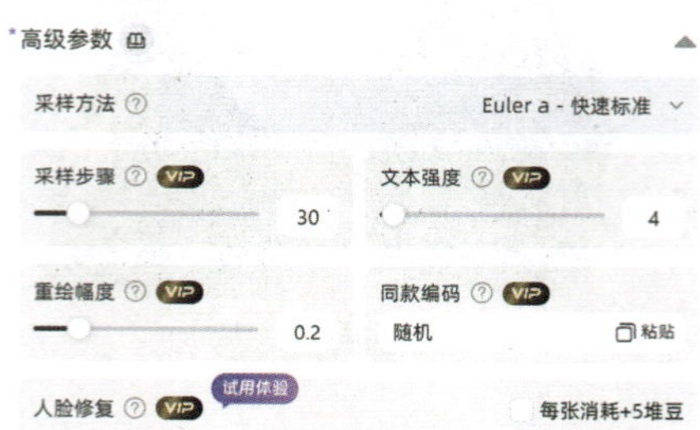

图 5-145 采样方法

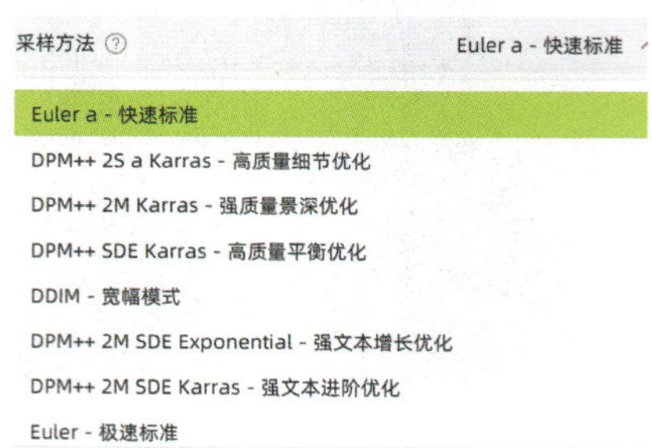

图 5-146 采样方法

选择相同的模型与提示词，使用不同的采样方法生成不同的图片，如图 5-147~图 5-155 所示。

图 5-147 模型与提示词

图 5-148 Euler a - 快速标准

图 5-149　DPM++ 2S a Karras - 高质量细节优化

图 5-150　DPM++ 2M Karras - 强质量景深优化

图 5-151　DPM++ SDE Karras - 高质量平衡优化

图 5-152　DDIM - 宽幅模式

图 5-153　DPM++ 2M SDE Exponential - 强文本增长优化

图 5-154　DPM++ 2M SDE Karras - 强文本进阶优化

图 5-155　Euler - 极速标准

由于篇幅有限，这里就展示前面 8 种采样方法，让大家体会一下不同采样方法带来的差异，大家可以继续尝试更多不同的采样方法。

第 6 章 更为灵活的 AI 生图模式 WebUI

6.1 界面布局

通过之前的学习，相信大家已经了解了 AI 生成图片的基本原理与流程。接下来，进入进阶内容——WebUI。这个模式相比之前的“经典生图”模式来说，有更多功能，随之而来的学习成本也会更大。但是大家不用担心，因为我们之前已经掌握了基本的生图原理，它与 WebUI 模式的本质是相同的，许多知识点是可以在这个模式中应用的。

下面进入这个模式，在顶部的菜单栏中，选择“AI 反应堆”，再点击“专业创作 WebUI”，如图 6-1 所示。

在这个模式中，出现了大量的信息，但是绝大多数都是之前出现过的参数，如图 6-2 所示。

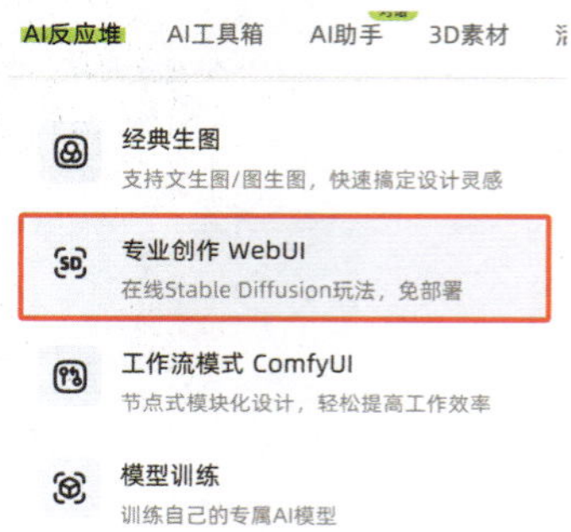

图 6-1　切换到 WebUI

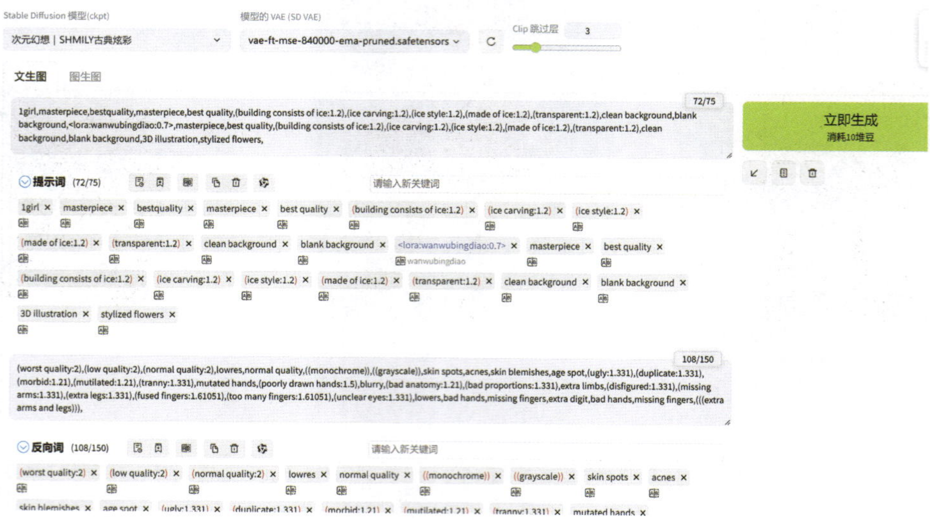

图 6-2　WebUI工作台

我们把这个页面大致分为 5 个部分，如图 6-3 所示：①模型设置栏；②正向提示词；③负向提示词；④生成参数；⑤绘图查看栏。

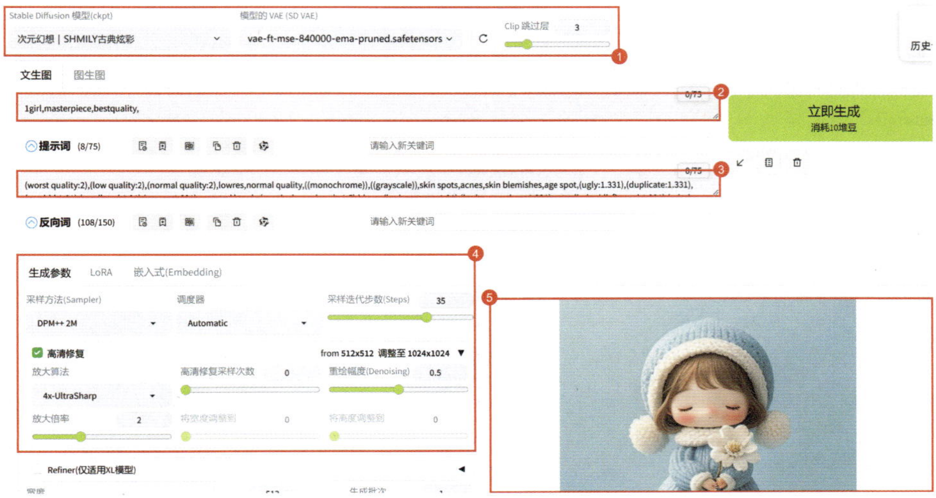

图 6-3　WebUI 工作台

6.2
经典生图与 WebUI 的关系

我们在经典生图模式下选择底层模型、增益效果，再输入提示词，就能得到图片，如图 6-4、图 6-5 所示。这个逻辑和 WebUI 是类似的，只是 WebUI 可操作的空间要比经典生图更大一些。

图 6-4　经典生图

图 6-5　生成结果

我们可以在 WebUI 模式下，选择同样的底层模型与 Lora，然后输入正向与反向提示词，如图 6-6 所示。

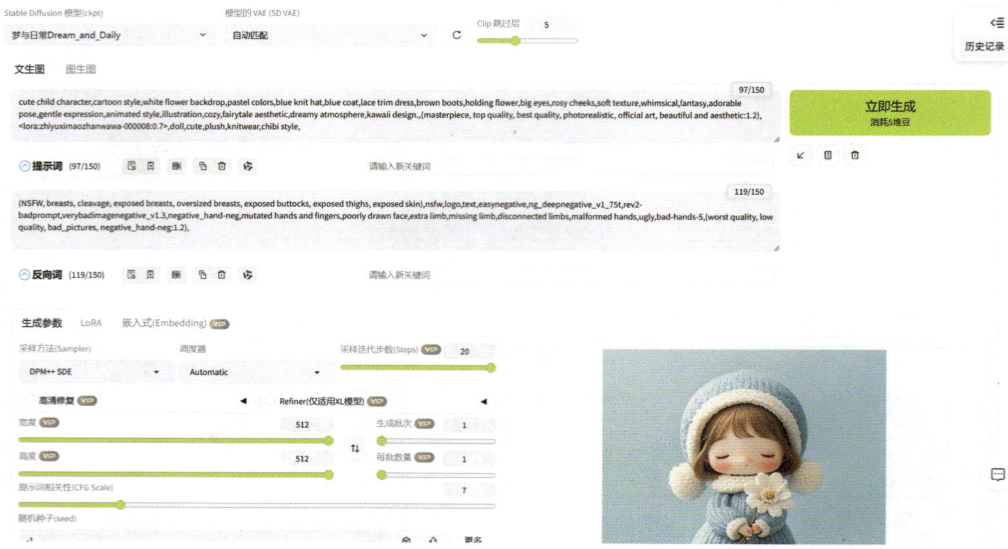

图 6-6　设置参数

最终也能得到类似的效果，如图 6-7 所示。

图 6-7　生成结果

WebUI 模式下的正向提示词与底层模型参数，如图 6-8 所示。

图 6-8　模型与正向提示词

WebUI 模式下的反向提示词，书写的规则更为严格，如图 6-9 所示。

WebUI 中的生成参数，如图 6-10 所示。

图 6-9　反向提示词

图 6-10　生成参数

图 6-11　增益效果（Lora）

在这个模式下，也可以选择 Lora，如图 6-11 所示。

6.3 全面了解提示词

WebUI（Stable Diffusion）的操作步骤相当简洁，主要分为四个阶段：挑选模型、输入提示语、调整参数、触发生成。从这一流程中可以明显看出，最终生成的图像质量是所选模型、提示语和参数设置这三个要素共同作用的结果，三者缺一不可。具体来说，模型决定了图像的风格，提示词定义了图像的具体内容，而参数则用于定制图像的特定属性。

6.3.1　提示词概念

重新理解一下提示词的概念，如图 6-12 所示。提示词工程是一个新兴的学科，它致力于开发和优化提示语，以提高语言模型（LMs）在处理各类应用和研究问题时的效率。通过提示词工程，我们能够更深入地掌握大型语言模型（LLMs）的优势和不足。研究者们借助这一技术，增强 LLMs 在问答、算术推理等众多常规与复杂任务中的表现。而开发者则通过

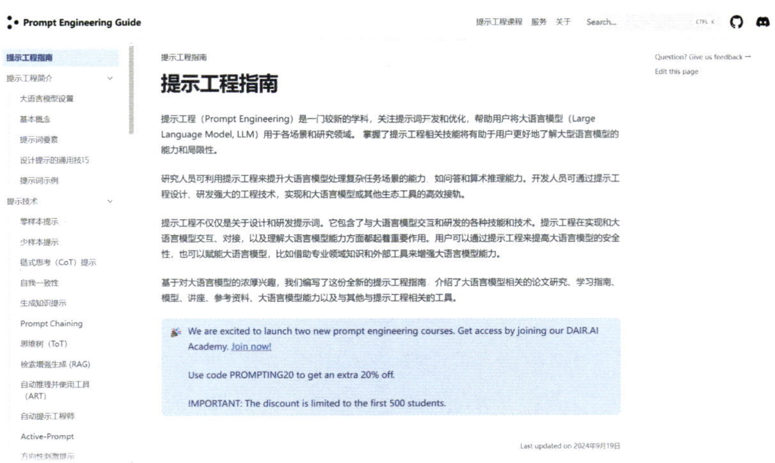

图 6-12　提示词概念

提示词工程，设计出与 LLMs 以及其他工具相融合的、功能强大的提示策略。

6.3.2 提示词书写规范

Stable Diffusion 与 Midjourney 相比，操作更为复杂，特别是在提示词的使用上。除了正向提示词，Stable Diffusion 还引入了反向提示词。正向提示词用于指定希望生成的图像内容，而反向提示词则用于排除不希望出现在图像中的元素，例如手部结构，以避免生成的图像出现手部变形。

Stable Diffusion 仅识别英文提示词，因此用户需要在英文输入法下输入。输入时无须严格遵守英语语法，只需以词组形式分段输入，词组间用英文逗号分隔。字母大小写和断行通常不会影响图像生成，用户可以为了提高可读性而对提示词进行断行。

在 Stable Diffusion 中，提示词输入有 75 个字符的限制，超出部分会被系统自动分割处理。提示词并非越多越好，过多的提示词可能导致模型理解上的冲突，难以确定重点。在绘图过程中，用户会根据效果不断调整提示词，过多的内容会增加修改难度。

尽管如此，Stable Diffusion 的绘图过程是自由的，即使不输入任何提示词，模型也能生成图像。但对于追求专业效果的用户，遵循一定的书写规范是有益的，有助于更好地控制出图效果，并在后期微调中快速验证提示词的影响。

编写提示词时，应考虑以下要点：

① 使用正向和反向提示词明确图像内容和排除元素。

② 在英文输入法下输入，以词组形式分段，用逗号分隔。

③ 注意字符限制，合理分配提示词内容。

④ 避免过多提示词，以免造成理解上的混乱。

⑤ 即使不输入提示词，模型也能生成图像，但专业用户应遵循规范以获得更佳效果。

通过这些指导原则，用户可以更有效地与 Stable Diffusion 模型交互，创造出满意的图像作品。

6.3.3 案例 1：提示词的基础用法

要创作一段能够被模型精准把握的优质提示词，关键在于内容的丰富性和描述的清晰度。这就好比客户委托设计一幅画，如果他们只说“设计一幅画”，而不具体说明画中应包含什么元素，或者这幅画的用途，设计师将会陷入迷茫，不知如何着手。同样，Stable Diffusion 在创作图像时也需要明确的指导。提示词越是详尽和具体，生成的图像内容就越稳定，越能符合用户的预期。

例如，如果我们仅用“一个女孩”作为提示词，而不对女孩的着装、所处的场景、镜头的角度等细节进行描述，Stable Diffusion 将只能依据其训练数据中的一般模式来创作。虽然模型的能力足以产出质量尚可的作品，但这种方式缺乏针对性，效率不高，尤其是当用户对图像有具体要求时。

因此，一段优秀的提示词应该像一份详细的设计简报，为模型提供丰富的信息和明确的指导，如图 6-13 所示。这不仅包括主体的基本特征，还应涵盖背景、色彩、氛围、风格等元素。通过这样的方式，我们可以引导 Stable Diffusion 生成更符合我们需求的图像，从而提高创作效率和作品质量。

提示词即使非常简单，也能得到一张图片，如图 6-14 所示。但是这张图片是随机生成的，许多时候，不一定满足我们的需求。为了更好地控制图片中的内容，我们有必要了解如何书写提示词，以及相关的一些注意事项。

图 6-13　输入提示词“一个女孩”

图 6-14　生成结果

下面，我们同样是围绕“一个女孩”进行 AI 创作，如图 6-15、图 6-16 所示。只是这一次选择一个底层模型和 Lora，并且添加若干的正向与负向提示词。这样会得到非常不同的效果，并且这个效果的可控性是非常大的。

图 6-15　底层模型

图 6-16　增益效果 Lora

提示词尽可能详细，并且通过词组和短语描述我们想要的画面效果，如图 6-17 所示。

最终，我们得到如图 6-18 所示的效果。同样是“一个女孩”，但是由于模型不同，提示词不同，会有非常大的差异。

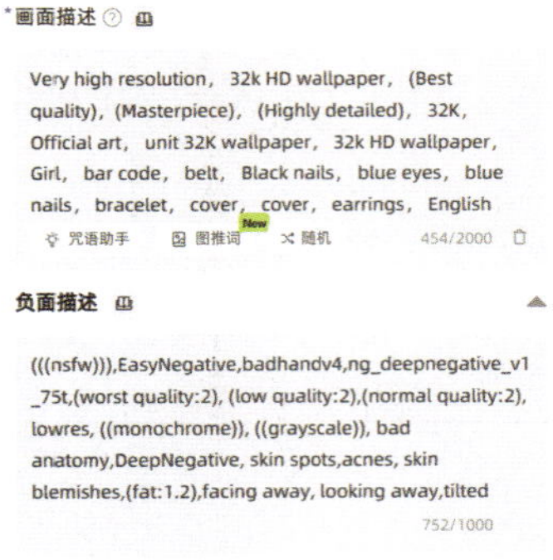

图 6-17　正向与负向提示词

图 6-18　生成结果

6.3.4 案例 2：提示词的高阶用法——强调与减弱提示词

WebUI 的高阶语法包括强调提示词、分步绘制、停止绘制、打断提示词、链接提示词、交替绘制、矩阵组合，如表 6-1 所示。

表 6-1　WebUI 高阶语法

类型	语法格式	功能简介
强调提示词	(A:N) [A] {A}	控制对特定提示词的重视程度
分布绘制	[A:B:N]	控制画面不同元素的融合比例
停止绘制	[A::N]	控制画面中元素的绘制进度
打断提示词	A BREAK B	打断提示词关联性，避免元素互相干扰
链接提示词	A AND B	增强提示词关联性，共同提交模型运算
交替绘制	[A|B|...]	不同主体交替绘制，将其特点融合
矩阵组合	A|B|...	提示词两两交叉组合后，再进行绘制

让我们聚焦于在提示词工程中应用最广泛的技巧之一——强调提示词。这是一种基础且高效的语法，它通过使用括号和数值来调整特定词汇的重要性。具体来说，当我们为某个提示词设定一个较高的数值时，这表明我们希望模型在生成图像时更加关注该提示词所代表的内容。相应地，模型在处理过程中会优先考虑并强化这部分元素的描绘，使得最终图像中该元素的特征更加显著。相反，如果数值较低，那么在生成的图像中，与该提示词相关的内容则会相对减少，不会那么突出。

通过这种方式，强调提示词为我们提供了一种精确控制图像生成过程的手段，使我们能够根据需要突出或淡化图像中的特定元素。这种技巧不仅增强了创作的灵活性，也使我们能够更有效地引导模型，以实现预期的视觉效果。

在提示词工程中，使用三种不同的括号来调整提示词的权重，以实现对图像生成过程中特定元素的强调或抑制。这三种括号分别是：

① 圆括号 ( )：当提示词被圆括号包围时，其权重被设置为原来的 1.1 倍，这意味着模型在生成图像时将更加重视这些提示词，从而在最终的图像中更加突出这些元素。

② 花括号 {}：这种括号在实际应用中较为少见，它将提示词的权重调整为原来的1.05倍，虽然这种调整幅度不大，但在某些情况下，它可以用来微妙地增强提示词的影响力。

③ 方括号 []：与圆括号相反，方括号用于降低提示词的权重，将其设置为原来的 0.9 倍，这有助于在图像中减少对这些提示词的强调，使它们在最终图像中的呈现不那么显著。

在实际操作中，圆括号和方括号是最常用的工具，它们为我们提供了一种简单而直观的方法来控制图像生成过程中的元素权重。通过这种方式，我们可以更精确地指导模型，实现我们对图像内容的特定要求。

请留意，括号在此支持嵌套使用，每个括号层级都代表乘以一个特定的权重系数，计算公式如表 6-2 所示。

表 6-2　计算公式

(提示词) =1.1 倍	[提示词]=0.9 倍	{ 提示词 }=1.05 倍
((提示词)) =1.1×1.1=1.21 倍	[[提示词]]=0.9×0.9=0.81 倍	{{ 提示词 }}=1.05×1.05 ≈ 1.10 倍
(((提示词))) 1.1×1.1×1.1=1.331 倍	[[[提示词]]]=0.9×0.9×0.9=0.729 倍	{{{ 提示词 }}}=1.05×1.05×1.05 ≈ 1.16 倍

在 WebUI 界面的左上角点击“Stable Diffusion 模型（ckpt）”。选择模型，如图 6-19 所示。

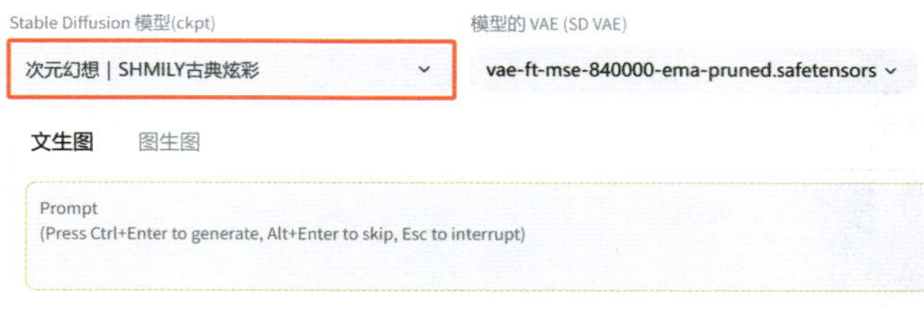

图 6-19　选择模型

搜索“奇光异彩”模型，如图 6-20 所示。

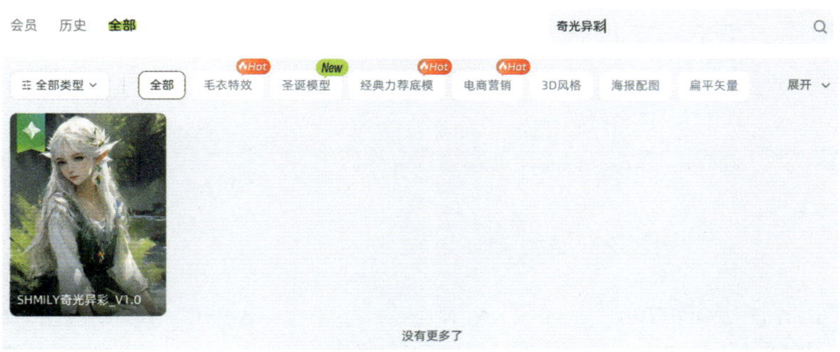

图 6-20　搜索模型

输入正向提示词：

Rural area,rice field with farmer harvesting,(farmer:1),farmer,autumn harvest,close up of people,rice,terraces,blue sky,white clouds,distant mountains,close up,masterpiece,very high resolution,clarity enhancement,added details,detail enhancement,illustration style,high quality illustration,

负向提示词：

(worst quality:2),(low quality:2),(normal quality:2),lowres,normal quality,((monochrome)),((grayscale)),skin spots,acnes,skin blemishes,age spot,(ugly:1.331),(duplicate:1.331),(morbid:1.21),(mutilated:1.21),(tranny:1.331),mutated hands,(poorly drawn hands:1.5),blurry,(bad anatomy:1.21),(bad proportions:1.331),extra limbs,(disfigured:1.331),(missing arms:1.331),(extra legs:1.331),(fused fingers:1.61051),(too many fingers:1.61051),(unclear eyes:1.331),lowers,bad hands,missing fingers,extra digit,bad hands,missing fingers,(((extra arms and legs))),

点击“LoRA”按钮，会出现一个弹窗，如图 6-21 所示。

图 6-21　LoRA

搜索“国潮山水插画”，选择如图 6-22 所示的 LoRA 模型。

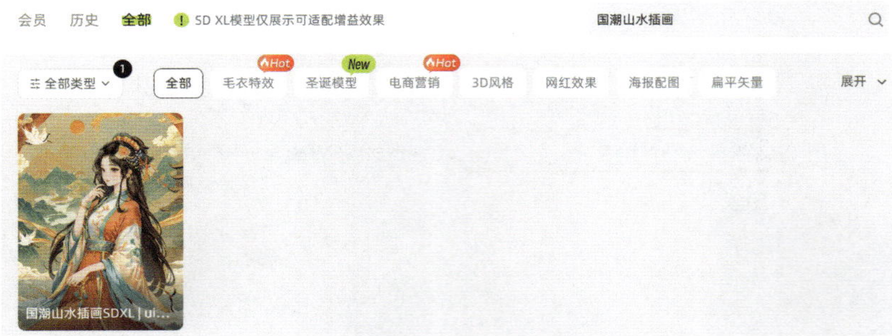

图 6-22　选择增益模型

选择增益模型（Lora）成功以后，提示词中会出现 <lora:guofeng:0.7> 的提示词，这代表添加成功，并且参考程度是 0.7，如图 6-23 所示。

设置完成以后，点击“立即生成”按钮，如图 6-24 所示。

图 6-23　增益模型　　　图 6-24　立即生成

生成结果如图 6-25所示。

图 6-25　生成结果

下面使用同样的参数与提示词，但是增强某些提示词的权重，尝试得到不同的效果，通过这一过程，来理解强调提示词的效果。

在堆友中，系统会自动帮我们在文本框的下方拆解提示词，方便我们给提示词增加权重，如图 6-26 所示。

将鼠标悬浮在一个提示词的上方，比如说“blue sky”，会弹出一个工具栏。选择这里的“括号加号”，就可以为这个词组添加权重，如图 6-27 所示。

点击一次，系统会自动添加一个括号，表示该提示词已被强调，如图 6-28 所示。

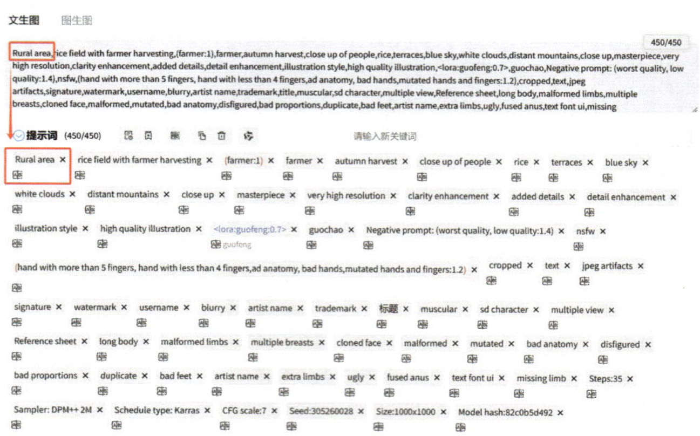

图 6-26　自动拆分提示词

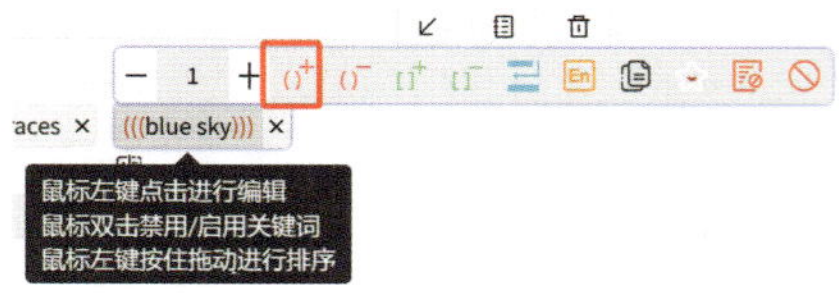

图 6-27　快捷工具栏

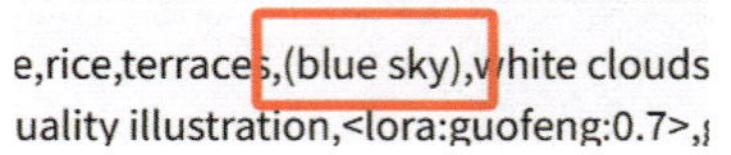

图 6-28　强调一次

点击三次，则会添加三个括号，如图 6-29 所示，强调程度更高。

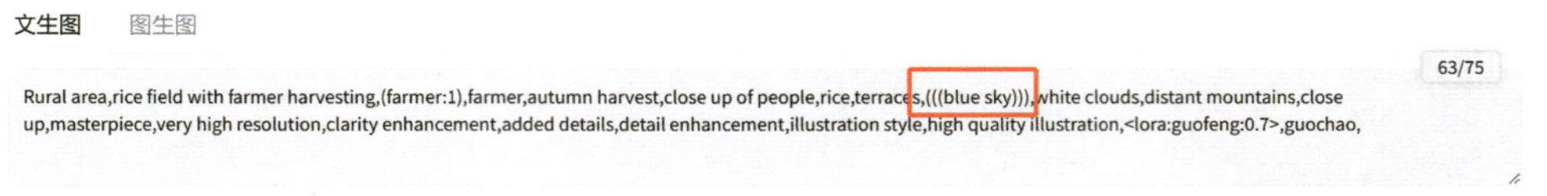

图 6-29　强调三次

强调三次后生成的效果如图 6-30 所示，可以看到就连画面中的"稻田"也是蓝色的，说明蓝色的权重被设置得很高。

图 6-30　强调蓝色天空后的效果

介绍完了提示词强调的方法，下面我们来介绍提示词减弱的方法，如图 6-31 所示。

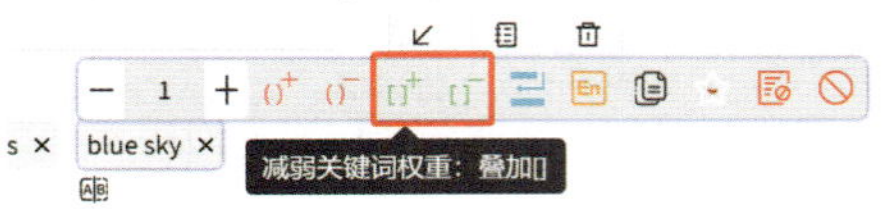

图 6-31　减弱关键词权重

比方说这里的"blue sky"，通过两层削弱以后，画面中的蓝色就大幅减少，如图 6-32、图 6-33 所示。

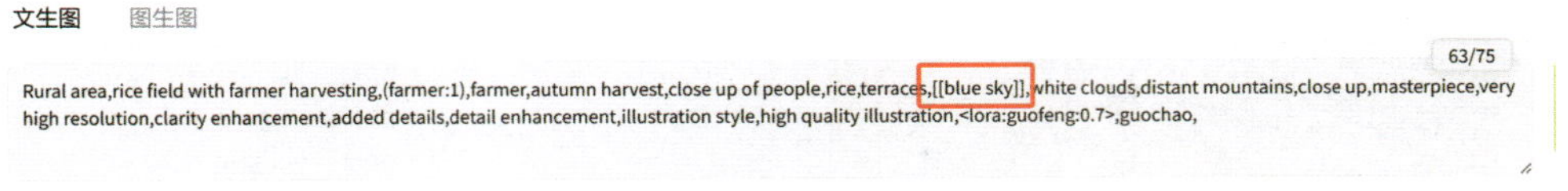

图 6-32　提示词

图 6-33　削弱后的效果

除了之前的强调与削弱的方案以外，还有一种直接输入数值的方式，如图 6-34 所示。这种方式更为直观，但是影响画面效果更为明显，数值较大的时候，可能会导致画面失真。将权重设置为 1.5，代表增强了 1.5 倍。

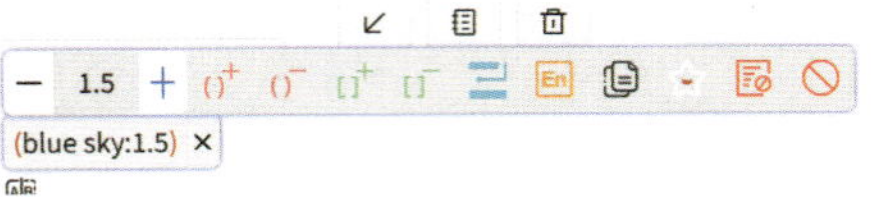

图 6-34　数值强调提示词

此时提示词变为 (blue sky:1.5)，如图 6-35 所示。

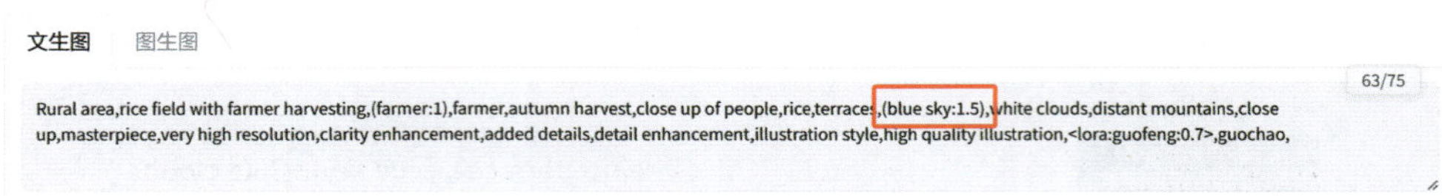

图 6-35　提示词

画面中会出现大面积的蓝色，但是图片效果并不如之前的强调方式，如图 6-36 所示。我们再将这个提示词的影响效果设置为 0.5，如图 6-37、图 6-38 所示。

图 6-36　强调后的效果

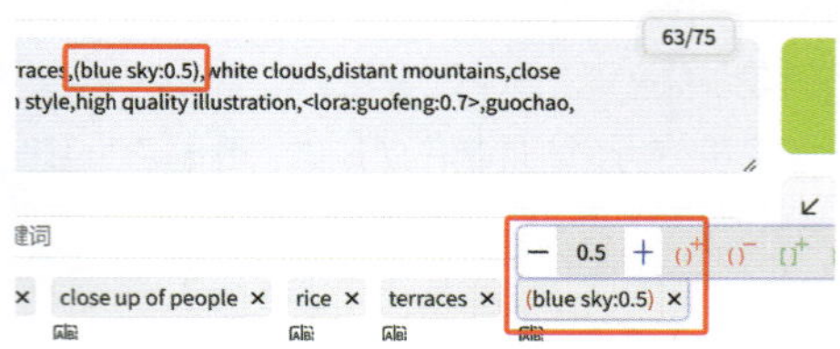

图 6-37　提示词

图 6-38　减弱后的效果

6.4 文生图参数

6.4.1 采样方法

这一部分内容请参考 5.2 节“自由模式”中的采样方法内容，如图 6-39 所示。

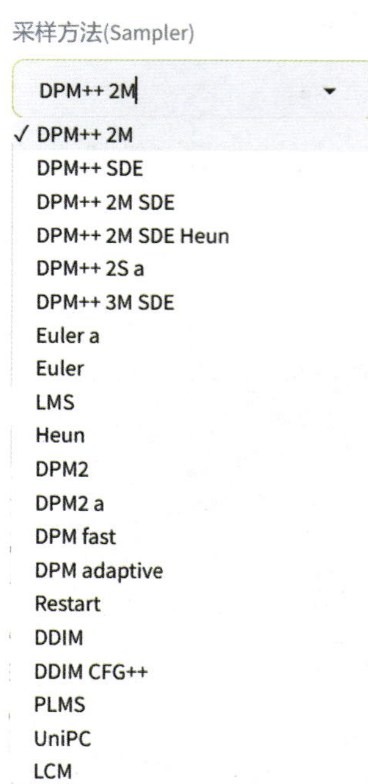

图 6-39　采样方法

6.4.2　采样迭代步数 Steps

本案例重点介绍采样迭代步数这个参数，在这之前，选择一个底层模型，如图 6-40 所示，我们选择“梦与日常”。

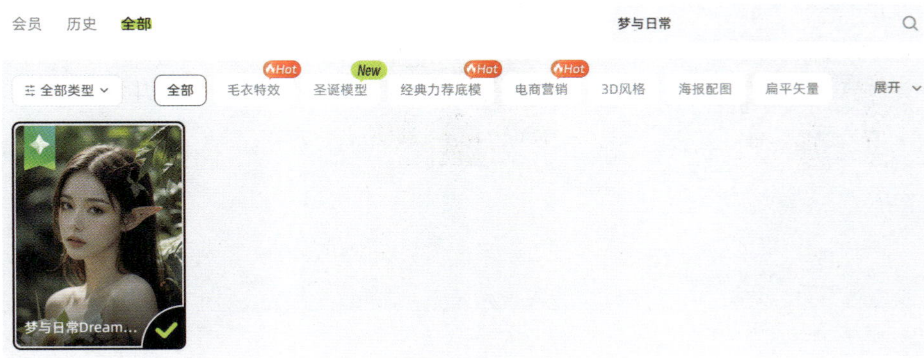

图 6-40　底层模型

正向提示词：A little castle of ice and snow，dressed in colourful bouts of knitted wool。

Lora 选择“南墙·针织毛线”与“万物冰雕”，如图 6-41 所示，参考程度都设置为 0.7。

采样迭代步数（Steps）默认值为 35。在生成图片之前，先来看一下采样步数对生成结果的影响，如图 6-42~ 图 6-51 所示。

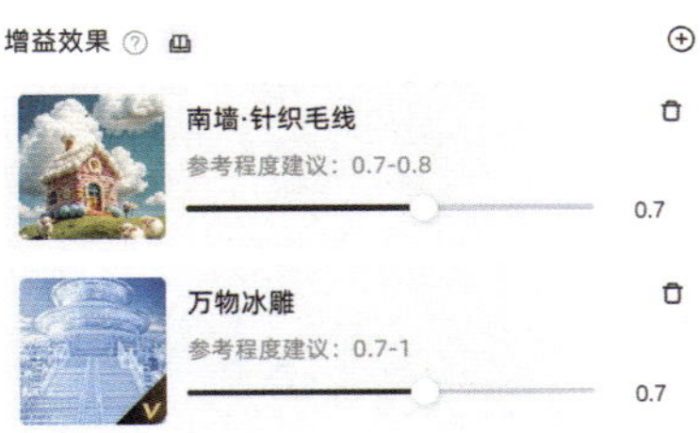

图 6-41　增益效果

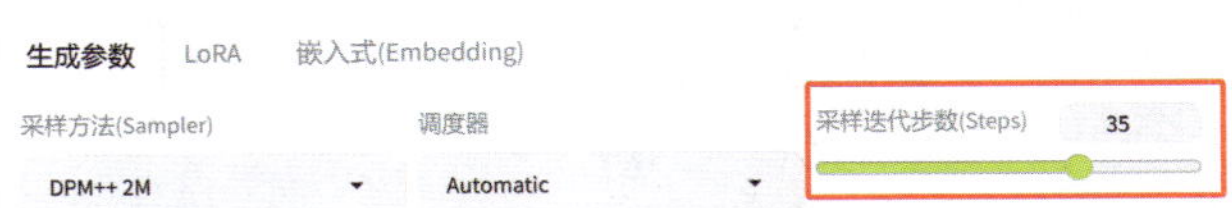

图 6-42　采样迭代步数

图 6-43　采样步数为 5

图 6-44　采样步数为 10

图 6-45　采样步数为 20

图 6-46　采样步数为 40

图 6-47　采样步数为 60

图 6-48　采样步数为 80

图 6-49　采样步数为 100

图 6-50　采样步数为 120

图 6-51　采样步数为 140

采样步数（sampling steps）是 Stable Diffusion 模型中一个重要的参数，它直接影响到图像生成的质量和速度。下面详细地解释采样步数的概念和它如何影响图像生成过程。

（1）什么是采样步数?

采样步数是指在 Stable Diffusion 模型中，从噪声图像生成清晰图像的过程中，需要执行的迭代步骤的数量。每一步迭代，也称为一个采样步骤，都是对当前图像进行去噪处理的过程。

（2）采样步数如何工作?

① 初始噪声图像：生成过程从一个完全随机的噪声图像开始，这个图像除了噪声之外没有任何结构。

② 逐步去噪：在每一步采样中，模型都会尝试预测并去除图像中的噪声成分，逐渐揭示图像的真实内容，这个过程类似于逐渐擦除图像上的雾气，使其变得清晰。

③ 迭代过程：每一步采样都是一个迭代过程，模型在每一步中都会对当前的图像状态进行评估，并尝试减少噪声，直到达到预定的采样步数。

（3）采样步数的影响

① 图像质量：增加采样步数通常可以提高生成图像的质量，这是因为更多的采样步数意味着噪声被更细致地去除，从而减少了截断误差，使得最终图像更加清晰和细腻。

② 生成速度：采样步数也影响生成速度。更多的采样步数意味着模型需要更多的时间来处理图像，因此生成速度会减慢。在实际应用中，需要在图像质量和生成速度之间找到平衡。

③ 计算资源：采样步数还会影响到计算资源的使用。更多的采样步数意味着更高的计算成本，因为每一步采样都需要模型进行复杂的计算。

④ 噪声减少的平滑性：采样步数越多，每一步中噪声的减少就越平滑，这有助于避免在图像中产生不自然的跳跃或伪影。

（4）采样步数的选择

选择多少采样步数取决于多个因素，包括所需的图像质量、可用的计算资源，以及用户对生成速度的要求。在实践中，可能需要通过实验来确定最佳的采样步数，以达到所需的图像质量和生成效率的平衡。

采样步数是 Stable Diffusion 模型中控制图像生成过程的关键参数之一，它决定了从噪声图像到清晰图像的转换过程中需要执行的迭代次数，直接影响到生成图像的质量和速度。通过调整采样步数，用户可以根据具体需求在图像质量、生成速度和计算成本之间做出权衡。

6.4.3　高清修复

Stable Diffusion 的高清修复技术，亦称为高分辨率增强或超分辨率技术，是我们在图像处理中经常使用的一项功能，如图 6-52 所示。在常规的图像创作过程中，我们通常首先以较低的分辨率进行绘制，随后通过启用高清修复功能来放大图像。与简单的图像分辨率提升不同，高清修复实际上涉及了额外的绘图过程。启用此功能后，界面上会显示额外的操作栏。

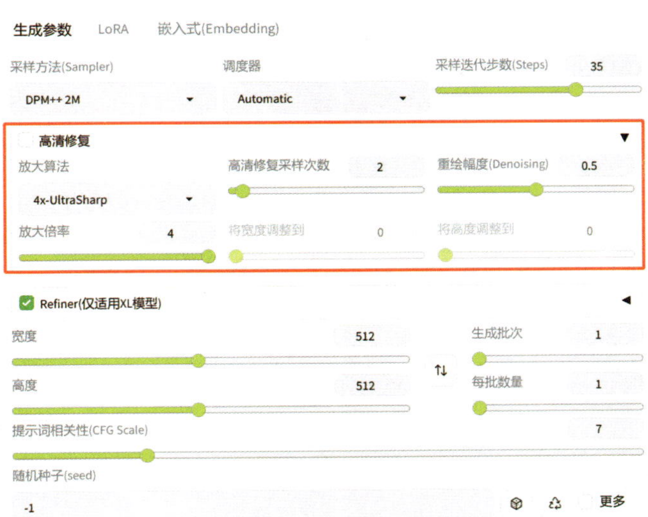

图 6-52　高清修复设置

Stable Diffusion 的高清修复技术是一项先进的图像处理技术，它利用 Stable Diffusion 模型来显著提升图像的分辨率和细节，尤其适用于低分辨率或损坏图像的修复。该技术的核心在于深度学习模型，该模型能够预测图像中缺失或损坏部分的像素值。这一过程涉及复杂的计算，其中模型会分析图像的上下文信息，并依托于扩散模型的理论框架，在高斯噪声中逐步恢复图像的细节。

所谓的高清修复技术（Hi-Res Fix），是指在图像生成过程中，将初始的低分辨率图像通过放大算法和细节增强技术转换为高分辨率图像的方法。这种技术显著提高了图像的清晰度和视觉效果，特别适合于那些需要精细细节展现的场景。Stable Diffusion 的高清修复技术不仅限于艺术创作领域，还广泛应用于图像修复与增强的多个领域，包括老照片修复和医学图像处理等。

应用 Stable Diffusion 的高清修复技术后，图像的清晰度和细节将得到显著提升。例如，修复后的图像文件大小可以从大约 1MB 增加到超过 15MB，从而显示出更加丰富的细节。这一技术的运用，不仅增强了图像的视觉质量，也为图像修复领域带来了革命性的进步。

下面就进入实战环节，来探索一下高清修复相关参数的含义。首先，我们使用 SDXL 通用版模型，如图 6-53 所示。

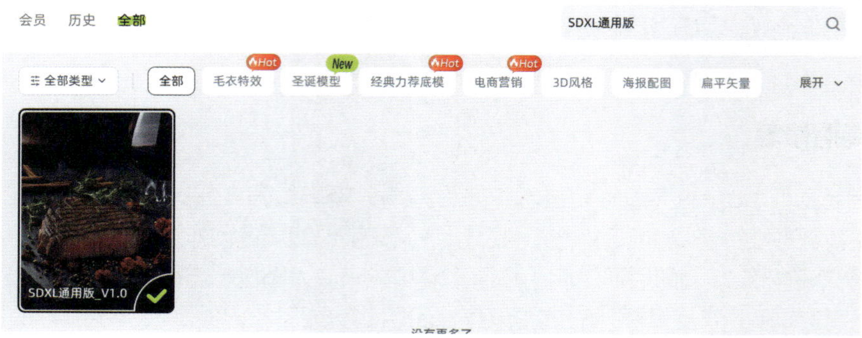

图 6-53　底层模型

正向与负向提示词如下：

① 正向提示词：

> Children's_Illustration,Illustrations of bustling restaurants. There is a wooden table in the center,on which various types of food are placed. There are various cartoon animals sitting around the table. There are wine pots placed in the corner of the wall,and the ground is covered with snow. The bare trees have snow on them. There is a Chinese style building on the left side of the tree,with a red roof and several lanterns hanging from it,

② 负向提示词：

> Realistic,EasyNegative,(worst quality, low quality:1.4),(depth of field, blur:1.2),(greyscale, monochrome:1.1),3D face,cropped,lowres,text,(nsfw:1.3),(worst quality:2),(low quality:2),(normal quality:2),lowres,normal quality,((grayscale)),skin spots,acnes,skin blemishes,age spot,(ugly:1.331),(duplicate:1.331),(morbid:1.21),(mutilated:1.21),(tranny:1.331),mutated hands,(poor draw hands:1.5),blur,(bad anatomy:1.21),(bad proportions:1.331),bs,extra disfigured (1.331),(missing arms:1.331),(extra legs:1.331),(fused fingers:1.61051),(too many fingers:1.61051),(unclear eyes:1.331),lowers,bad hands,missing fingers,extra digit,bad hands,missing fingers,(((extra arms and legs)))),freckles,(white border:2),

选择“春节新年古风插画”Lora 小模型，如图 6-54 所示。

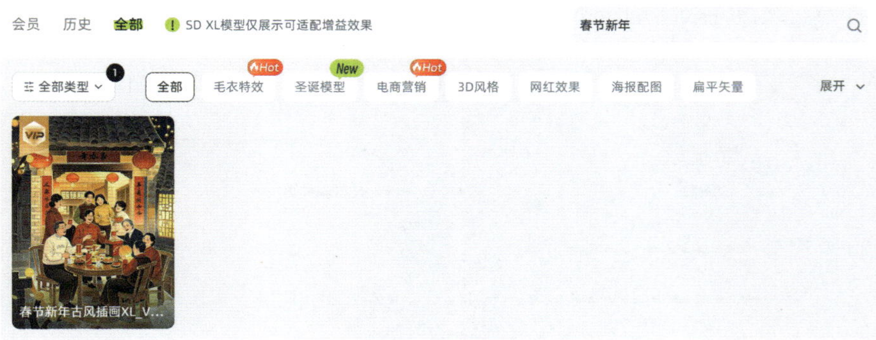

图 6-54　添加 Lora

此时，提示词中会增加 Lora 的描述，如图 6-55 所示。

图 6-55　Lora 描述

再添加“萌趣儿童插画”Lora，如图 6-56 所示。

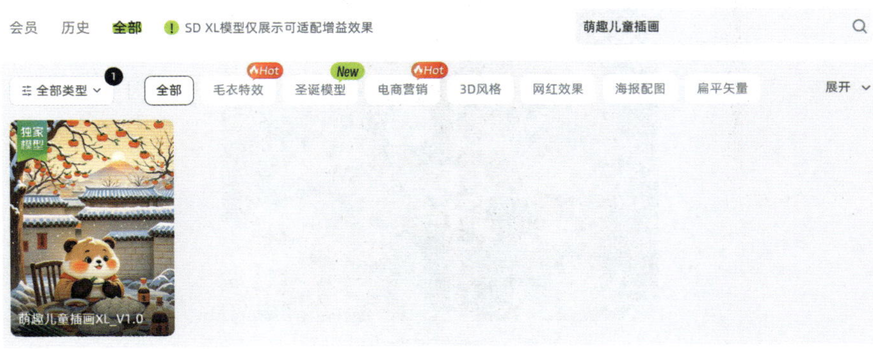

图 6-56　添加 Lora

提示词中，会继续添加相关的描述，如图 6-57 所示。

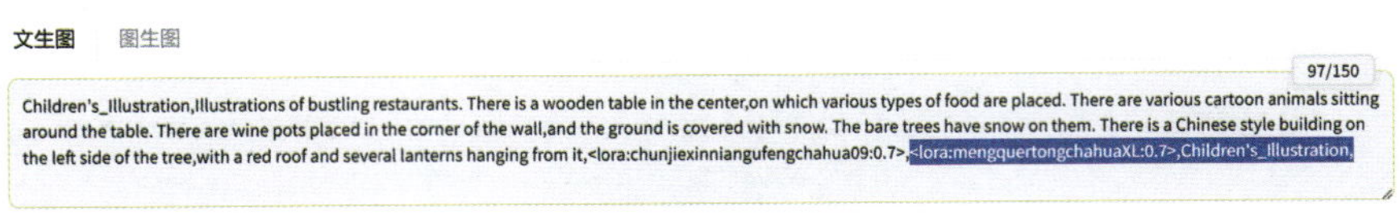

图 6-57　Lora 提示词

参考值分别设置为 0.6，让两者相加不超过 1.2，如图 6-58 所示。

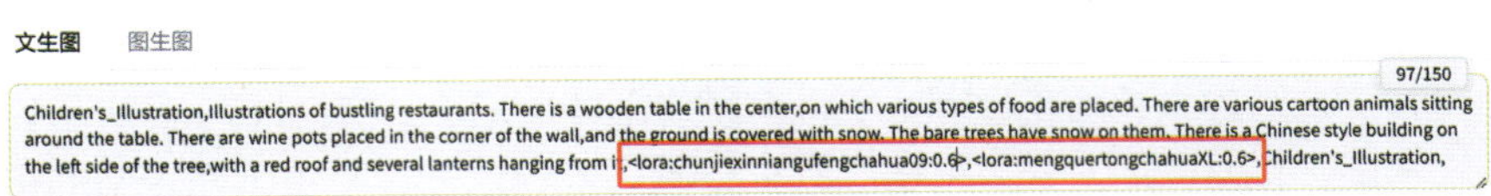

图 6-58　设置 Lora 参考值

将采样方法设置为 DPM++2M，且先不开启高清修复，如图 6-59 所示。

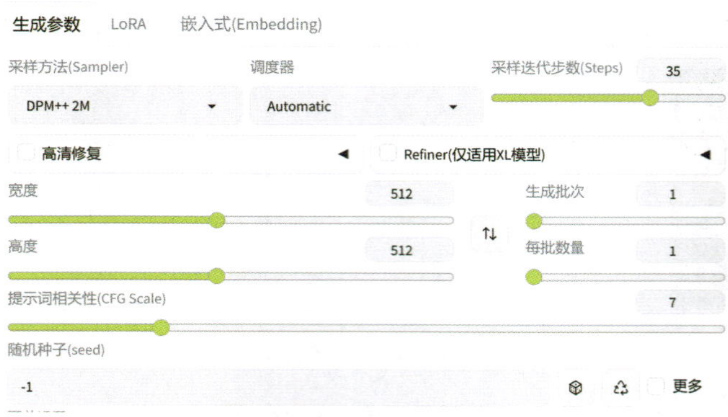

图 6-59　采样方法设置

此时，我们得到了一张没有高清修复的图片，分辨率为 512×512。这张图片的分辨率较低，并且画面中有不少内容是有问题的，比如卡通角色的五官，如图 6-60 所示。

图 6-60　基础图片

接下来勾选“高清修复”开关，此时面板的右上角会有一行提示“from 512×512 调整至 1024×1024”，如图 6-61 所示，意思是图片质量从原始尺寸（512×512）升级到高清尺寸（1024×1024）。

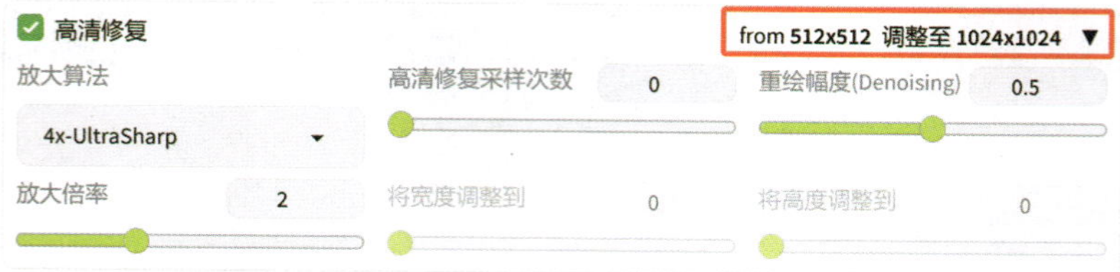

图 6-61　勾选高清修复

此时得到了一张放大修复的图片，分辨率为 1024×1024，如图 6-62 所示。相较于之前的图片，被修复的图片除了分辨率更高以外，画质也更清晰，并且画面内部的错误内容也减少不少。

再来做一组有趣的对比实验，关闭高清修复，直接将图片输出的分辨率提升至 1024×1024，如图 6-63 所示。在同样分辨率的情况之下，来对比差异。

图 6-62　升级画质修复错误

图 6-63　输出 1024×1024 分辨率的图片

由于原始图片本身的分辨率得到了提升，所以画面的视角也明显扩大，内容也变得更多，如图 6-64 所示，但是依旧有之前的问题——瑕疵较多。

在此基础之上，我们点击高清修复按钮，按照之前的实验结论，这一次，应该会得到一个分辨率为 2048×2048 的图片，如图 6-65 所示，并且画面更清晰，错误内容更少。

图 6-64　扩大原始画幅

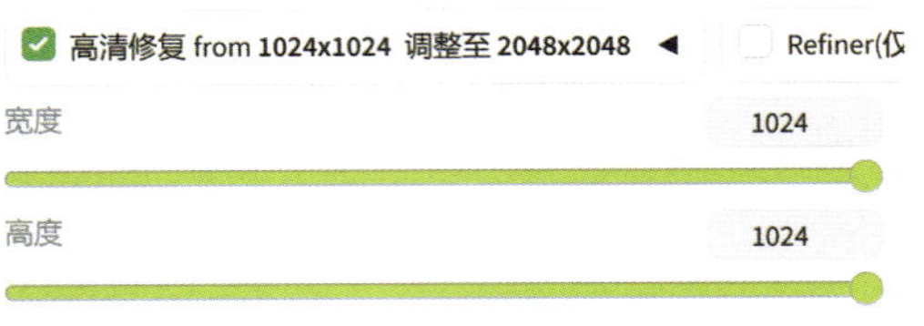

图 6-65　开启高清修复

我们来看实验结果，当原始输出画幅为 1024×1024 时，被修复的内容会保留原有的画面丰富程度，放大两倍后，分辨率为 2048×2048，如图 6-66 所示，瑕疵也减少了许多。

“放大倍率”也是一个比较常用的参数，如图 6-67 所示。我们可以一次性将图片提升若干倍率。默认是 2 倍，所以 512 分辨率的图片升级为了 1024 分辨率的图片。如果放大倍率设置为 4，则可以一次性将 512 分辨率的图片升级为 2048 分辨率的图片。

从 512 分辨率一次性升级到 2048 分辨率的图片，如图 6-68 所示。

在放大算法中，有许多不一样的算法可供选择，如图6-69所示，默认的是4x-UltraSharp。关于算法的测试，就不在这里赘述，选择默认的算法即可满足大多数需求。

图 6-66　1024 分辨率升级为 2048 分辨率

图 6-67　放大倍率

图 6-68　512 分辨率升级到 2048 分辨率

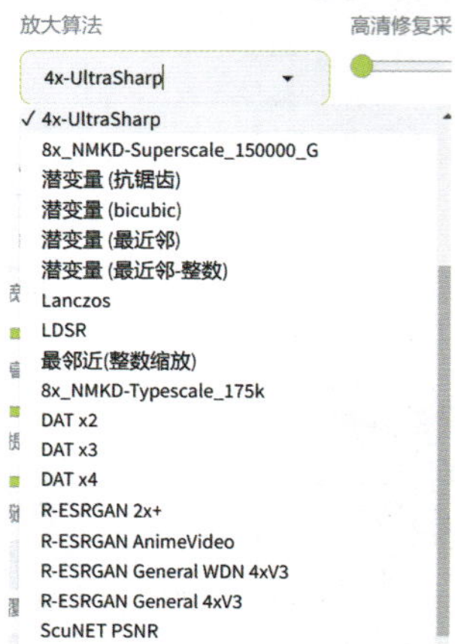

图 6-69　放大算法

下面讲解“高清修复采样次数”参数，如图 6-70 所示。在之前的内容之中，我们讲解过“采样迭代步数”这个参数，该参数越高，画面的细节越丰富，但是所消耗的算力也越大，耗时也越久。“高清修复采样次数”和“采样迭代步数”是类似的原理，只是前者作用于画质提升的过程之中，默认是 0。

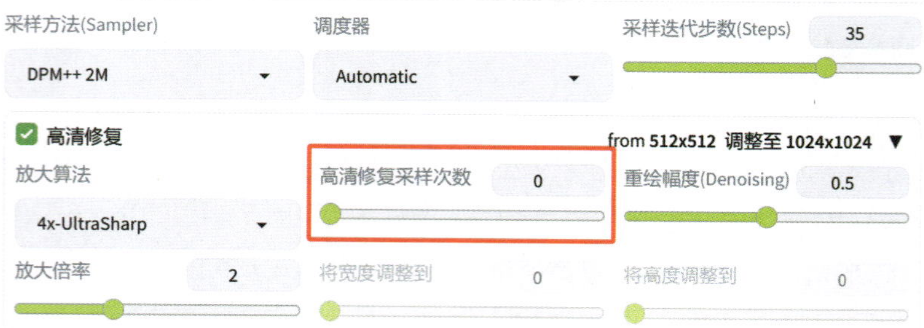

图 6-70　高清修复采样次数

我们将高清修复采样次数分别设置为 0（左）和 20（右），进行对比，如图 6-71 所示。

图 6-71　高清修复采样次数对比

6.4.4　图片输出：生成批次与每批数量

Stable Diffusion 在生成图像时，涉及两个重要的参数：生成批次（batch count）和每批数量（batch size）。

• 生成批次：这个参数指的是按照顺序生成图像的组数。简单来说，就是 Stable Diffusion 会按照这个参数设置的数量，一组一组地生成图像。例如，如果你设置了生成批次为 3，那么 Stable Diffusion 会分三组来生成图像。

• 每批数量：这个参数指的是在单轮次中同时生成的图像数量，可以看作是并行出图的数量。每批数量的设置会影响到显存的使用，如果显存较小，建议将每批数量保持为 1，以避免显存不足导致的问题。显存足够的话，可以适当调大每批数量以提高生成效率，但一般最大不超过 8。

这两个参数共同决定了 Stable Diffusion 生成图像的总数量和效率，如图 6-72 所示，生成图像总数 = 生成批次 × 每批数量。通过合理设置这两个参数，用户可以根据自己的需求和硬件条件，有效地控制图像生成的过程。

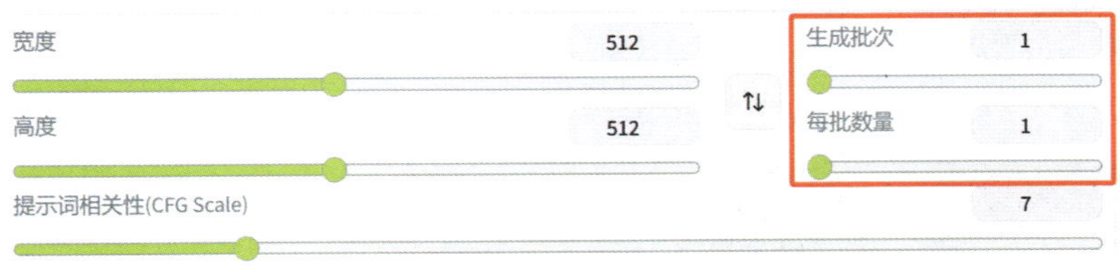

图 6-72　图片数量 = 生成批次 x 每批数量

将生成批次与每批数量都设置为 2，如图 6-73 所示，意味着图片生成分为 2 批，每批 2 张图片，一共四张图片。

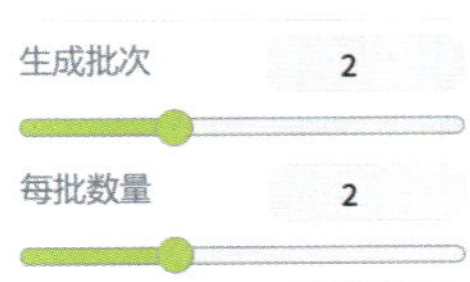

图 6-73　设置数量

该参数的结果，如图6-74所示，一共有四张同类型的图片。

图6-74　生成结果

6.4.5　提示词相关性 CFG Scale

在 Stable Diffusion 中，CFG Scale 扮演着至关重要的角色（图6-75）。CFG Scale，即提示词相关性，是衡量文本提示对生成图像影响程度的一个参数。它允许我们在图像的精确匹配与艺术自由之间做出平衡。具体来说，CFG Scale 的值范围从0到30，但在实际应用中，将其设置在7到11之间通常能够获得最佳的低噪声效果。

当我们将 CFG Scale 的值提高时，生成的图像会更加严格地遵循文本提示的内容，然而，这并不是没有代价的。数字7作为一个参考点，当 CFG Scale 的值超过这个范围，图像可能会变得过于饱和，甚至出现失真。相反，如果 CFG Scale 的值过低，比如低于7，图像可能会显得较为模糊，缺乏清晰度和细节。

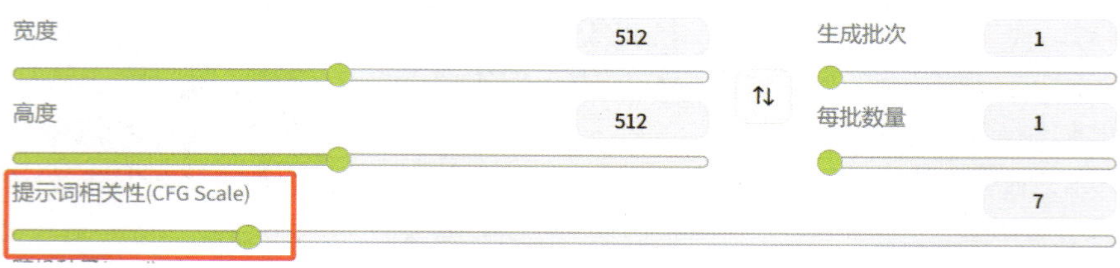

图6-75　提示词相关性 CFG Scale

在实际创作过程中，艺术家和设计师需要仔细调整 CFG Scale，以确保图像既能够忠实反映文本提示的意图，又能保持视觉上的吸引力。例如，将 CFG Scale 设置为7时，图像开始与提示词产生相关性，且效果较为自然；而当 CFG Scale 提升至11时，图像与提示词的相关性进一步增强，但同时也要警惕可能出现的图像质量下降。

图6-76　提示词相关性1

总的来说，CFG Scale 是一个需要细致调整的参数，它直接影响着图像生成的结果，如图6-76~图6-80所示。通过合理地设置 CFG Scale，创作者可以在保持图像质量的同时，确保图像与文本提示的高度相关性。这种平衡的实现，是 Stable Diffusion 技术中艺术性与精确性的完美结合。

图 6-77　提示词相关性 3

图 6-78　提示词相关性 7（默认）

图 6-79　提示词相关性 10

图 6-80　提示词相关性 14

6.4.6　随机种子 Seed

（1）随机种子（Seed）的重要性

在 Stable Diffusion 图像生成技术中，随机种子（Seed）扮演着至关重要的角色。它是一个整数值，用于初始化随机数生成器，从而在图像生成过程中引入可控的随机性。通过设定特定的种子值，我们可以在多次生成过程中复现相同的图像结果，这对于需要一致性或进行图像微调的场景非常有用。本书中，我们强调随机种子的两个主要作用：一是“固定种子值”用于生成风格一致的图像，便于进行图像的修改和比较；二是“随机种子值”用于每次生成不同的图像，适用于需要多样性的场景。

（2）随机种子的使用方法

在实践中，随机种子的设置非常简单但功能强大。例如，当我们在 Stable Diffusion 中设置随机种子为“−1”时，表示未使用种子，每次生成的图像都将是完全随机的。而如果我们填入一个具体的随机种子值，比如“123”，则每次使用这个种子值生成的图像都将是相同的。这种设定使得艺术家和设计师能够在保持创意的同时，也能够控制和复现特定的视觉效果。

（3）种子值与图像生成的关系

随机种子的使用，虽然可以最大限度降低随机性，但由于算法本身的随机性，即使使用了随机种子，生成的图像仍然会存在一定的偏差。因此，种子值只能尽可能地还原图像，而不能完全保证 100% 的一致性。这一点对于理解 Stable Diffusion 的工作原理和结果的可预测性至关重要。

（4）种子值的应用场景

下面，我们介绍随机种子在不同场景下的应用。例如，需要生成一致性的图像系列时，可以使用固定的种子值来确保图像风格的统一。而在探索创意和多样性时，可以使用不同的种子值或不使用种子（−1），以获得各种不同的图像结果。这种灵活性使得 Stable Diffusion 在艺术创作和设计工作中具有广泛的应用潜力。

当我们想要制作同款效果时，就会用到随机种子这个参数，如图 6-81 所示。

图 6-81　一键同款

此时，系统会自动帮我们设置随机种子，确保尽可能地生成同样风格样式的内容，如图 6-82 所示。

图 6-82　随机种子

第 7 章 深度实战案例：圣诞节电商促销海报设计

7.1 案例 1

7.1.1 3D 圣诞老人

通过之前的学习，我们尝试着制作一张圣诞节海报，效果如图 7-1 所示。
在经典模式中，选择“简洁模式”，如图 7-2 所示。

图 7-1 海报

图 7-2 简洁模式

选择“3D 立体”作为底层模型，如图 7-3 所示。

图 7-3　底层模型

再输入提示词：

> This is a digital CGI illustration featuring a cheerful, cartoon-style Santa Claus standing against a solid green background. Santa has a round, rosy face with a broad smile, large, expressive blue eyes, and a small, pointed nose. His white beard and mustache are full and fluffy, adding to his jolly appearance. Santa is dressed in a bright green jacket with white fur trim around the edges, a matching green hat with a red pom-pom on top, and a red belt with a gold buckle. His red pants are tucked into black boots that have a shiny finish. Santa's hands are gloved in red, and he is holding his arms out to the sides, as if greeting someone or welcoming a crowd. The background is a smooth, gradient green that enhances the vividness of Santa's colors. The image is well-lit, with soft shadows under Santa's feet and arms, giving it a three-dimensional effect. The overall style is playful and festive, emphasizing the holiday spirit with its bright, cheerful colors and Santa's friendly demeanor,

最终我们得到一个 3D 效果的圣诞老人。点击右侧工具栏中的“高清放大”按钮，如图 7-4 所示。

此时，系统会有一个弹窗，用来介绍高清放大功能，点击“高清放大”按钮，如图 7-5 所示。

图 7-4　生成结果

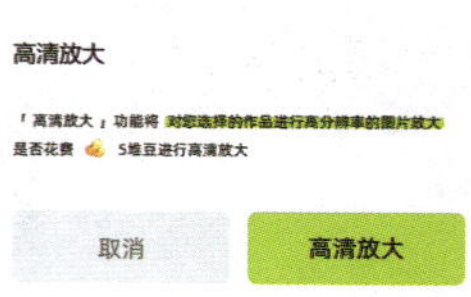

图 7-5　高清放大

接下来，点击“一键抠图”按钮，如图 7-6 所示，一键去除背景。

此时又会出现一个弹窗，包含一键抠图的功能介绍，如图 7-7 所示，点击“确认抠图”。

图 7-6　一键抠图

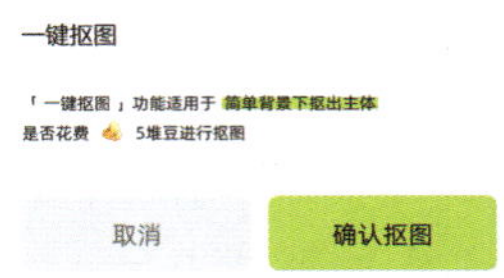

图 7-7　确认抠图

此时，就得到了一张透明背景的圣诞老人，如图 7-8 所示，点击下方的“下载图片（png）”按钮，将它保存到本地。这个素材就准备完成了，之后，会将它应用在海报之中。

7.1.2　卡通小鹿

下面我们来制作 3D 毛绒效果的小鹿，步骤会稍微复杂一些，如图 7-9 所示，切换到“自由模式”。

图 7-8　下载图片

图 7-9　自由模式

选择“超写实摄影 XL”作为底层模型，如图 7-10 所示。

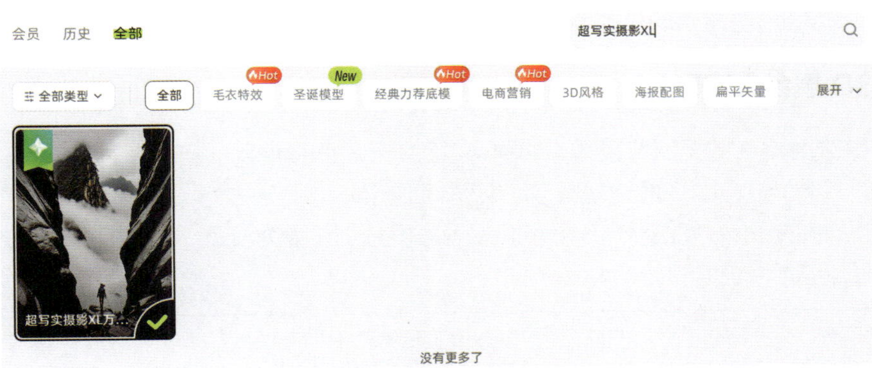

图 7-10　底层模型

再选择如图 7-11 所示的 3 个增益效果 Lora，参考程度参数分别设置为 0.6、0.2、0.5。
提示词：

A moose in the middle of the picture, cute, 3/4 side, in the snow, full body, cute style, minimalist, simple background,

采样方法与其他参数如图 7-12 所示，可以保持默认。

图 7-11　添加增益效果

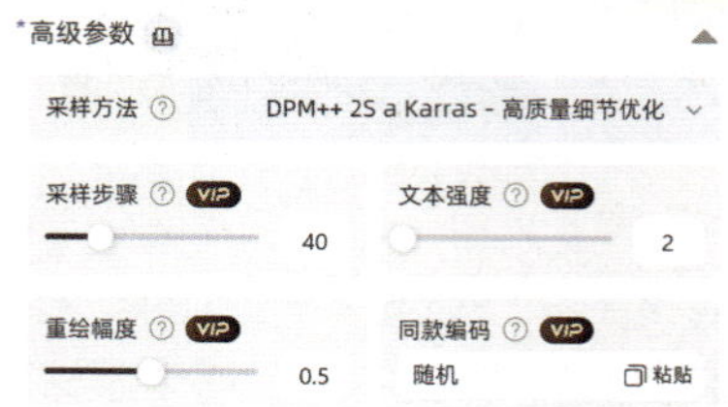

图 7-12　参数面板

生成结果后，选中比较合适的作为素材，点击右侧的“高清放大”与“一键抠图”按钮，将其作为素材，如图 7-13、图 7-14 所示。

图 7-13　选择素材（一）

图 7-14　选择素材（二）

最终，得到透明背景的小鹿素材，如图 7-15 所示。

7.1.3　3D 展台（背景）

接下来制作 3D 效果的背景图，如图 7-16 所示，同样使用“自由模式”。
选择“幻想与现实”底层模型，如图 7-17 所示。
再选择增益模型，如图 7-18 所示，参考程度分别设置为 0.7、0.5、0.3。
输入正向提示词：

stage effect super good red background scenery，round stage，precise details，film and television effects，soft lighting，and a sense of future with science and technology，HD effects，Yuxing effect in the middle，surrounding lights，Arches,

图 7-15　透明背景素材

图 7-16　自由模式

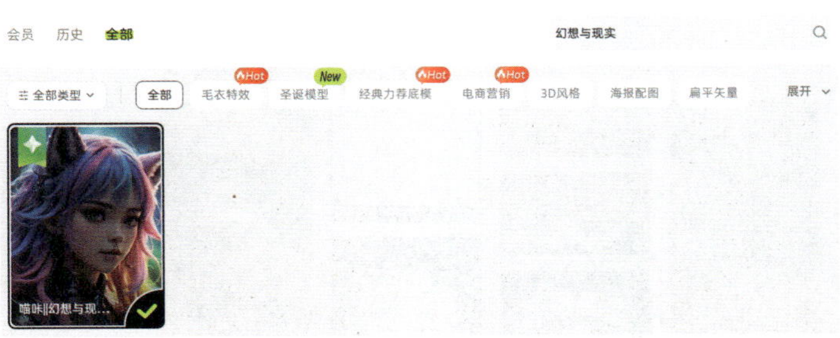

图 7-17　底层模型

图 7-18　增益效果

得到若干张圣诞主题的 3D 背景展台，如图 7-19 所示。

图 7-19　3D 背景展台

7.1.4　版式设计（稿定设计）

进入稿定官网，如图 7-20 所示，搜索“圣诞节”。

找到一张风格比较相近的海报，点击进入，如图 7-21 所示。

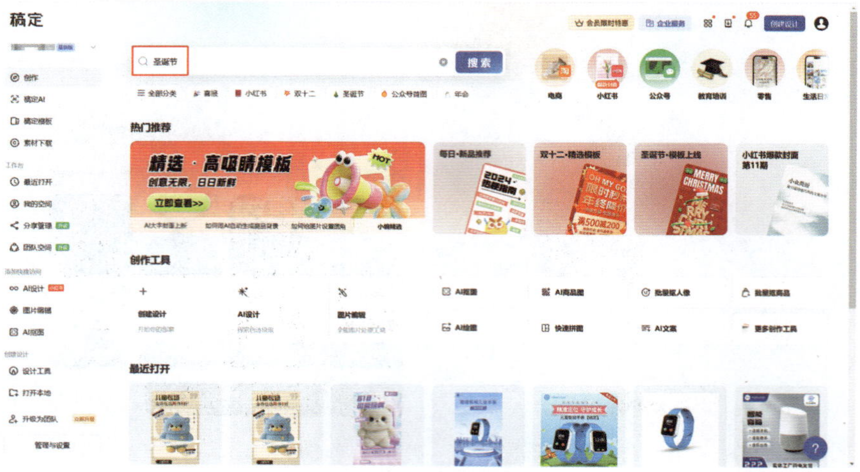

图 7-20　稿定设计

图 7-21　选择风格相近的海报

接下来就可以删除背景与相关元素，再替换之前用 AI 生成的内容，如图 7-22 所示。

图 7-22　工作台

这是我们之前用 AI 生成的内容，将它们拖曳到海报之中，如图 7-23 所示。

图 7-23　图片素材

删除原来的内容，如图 7-24 所示。

仅保留文字内容与背景，如图 7-25 所示。

将圣诞老人与小鹿导入，并放置在相应位置，如图 7-26 所示。

海报最终效果如图 7-27 所示。

图 7-24　删除

图 7-25　背景与文字

图 7-26　导入素材

图 7-27　海报效果

7.2 案例 2

本次案例效果图，如图 7-28 所示。

图 7-28　案例效果

7.2.1 制作素材

我们再制作一张圣诞风格的海报，使用“自由模式”，如图 7-29 所示。

选择“SDXL 通用版”作为底层模型，如图 7-30 所示。

选择增益效果，参数如图 7-31 所示。

图 7-29　自由模式

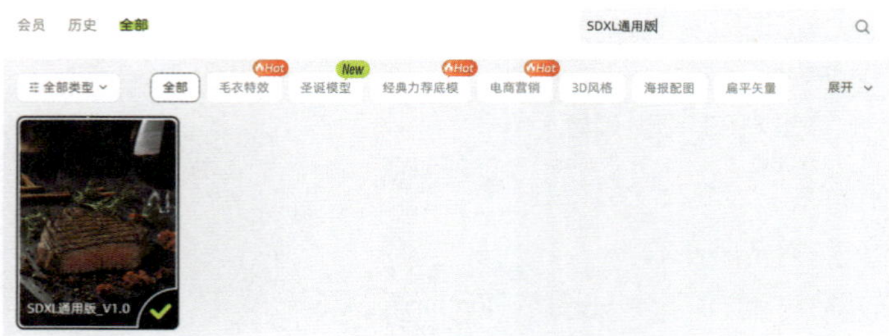

图 7-30　底层模型

图 7-31　增益效果

输入正向提示词：

> a miniature Santa Claus figurine sits atop a red Santa Claus-shaped object, adorned with a green ribbon and a green bow. The figurine, dressed in a red and green outfit, is reading a book, while a reindeer figurine stands to the left of the figurine. The object is positioned on a snow-covered surface, adding a touch of warmth to the scene. To the right of the Santa Claus, a small white gift box is placed on the ground. In the background, a white Christmas tree is adorned with white lights,

最后，我们得到素材，如图 7-32 所示。

点击右侧工具栏中的“高清放大”按钮，如图 7-33 所示。

图 7-32　生成素材

图 7-33　高清放大

得到一张高清素材，如图 7-34 所示，我们利用这一张素材进行海报创作。

图 7-34　高清素材

7.2.2　版式设计

在稿定设计的右上角，点击“创建设计”按钮，如图 7-35 所示。

图 7-35　创建设计

此时，会有许多常见的平面设计物料尺寸，如图 7-36 所示，选择“手机海报”。

跳转到工作台，此时工作台中为空白，如图 7-37 所示。

图 7-36　手机海报

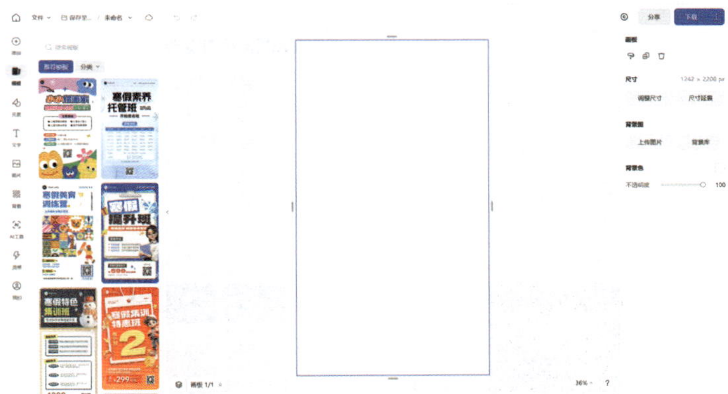

图 7-37　空白画布

将刚才生成的背景拖曳进来，如图 7-38 所示。

由于尺寸不够大，因此我们需要点击这张图片，在右侧的属性面板中，点击“AI 变清晰”按钮，如图 7-39 所示，让这张图变得更加清晰。

图 7-38　导入素材

图 7-39　AI 变清晰

选择“超清”按钮，如图 7-40 所示。

在稿定设计中，选择一张图片以后，会出现一个快捷菜单栏，如图 7-41 所示。其中就有 AI 的图标。点击以后会出现：AI 抠图、AI 消除、AI 滤镜、AI 变清晰、AI 扩图、AI 绘图。这一部分的内容，会放在稿定设计章节中介绍。

升级完成以后，将图片放大到画布的大小，如图 7-42 所示。

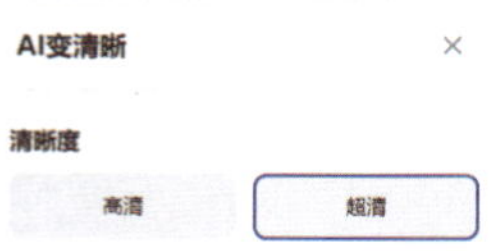

图 7-40　超清模式

图 7-41　稿定 AI 工具

图 7-42　放大图片

接下来新建一个网页，在稿定设计中搜索“圣诞节”，如图 7-43 所示。选择风格相近的海报点击进入。

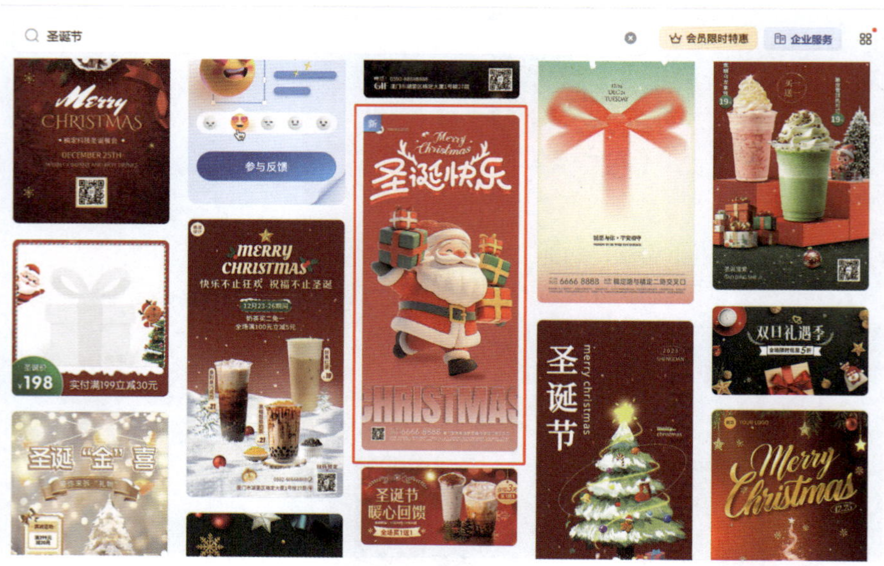

图 7-43　选择海报

选中标题部分并复制，如图 7-44 所示。

切换到海报工作台网页，如图 7-45 所示。粘贴刚才的标题，拖拽鼠标左键，将其移动到海报的上方。

同样的方法，将底部的内容也复制到海报的下方，如图 7-46、图 7-47 所示。

图 7-44　复制标题

图 7-45　复制标题

图 7-46　复制底部信息

图 7-47　粘贴底部信息

在“圣诞节”搜索结果中，选择“平安夜”这张海报，如图 7-48 所示。

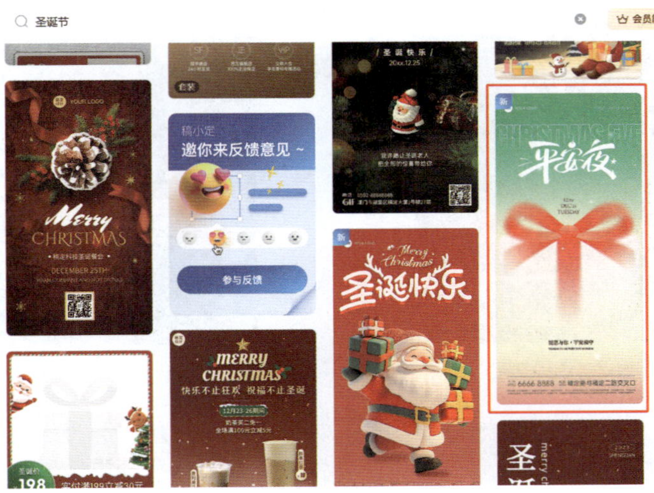

图 7-48　选择海报

选择标题并复制，如图 7-49 所示。

将其粘贴到海报中，如图 7-50 所示。

图 7-49　复制标题

图 7-50　粘贴海报

点击右键，选择“拆分组”命令，如图 7-51 所示。

选中“平安夜”文字，按住键盘 Delete 键，将其删除，如图 7-52 所示。

图 7-51　拆分组

图 7-52　删除文字

选中剩下的半透明文字效果，如图 7-53 所示。

将其拖曳到海报的顶部，如图 7-54 所示。

图 7-53　选择文字

图 7-54　移动半透明文字

最后修改下方的文字，并且修改二维码，如图 7-55 所示。选择二维码图标，在右侧可以输入网址，我们这里输入了化学工业出版社官网的网址。二维码的扫描结果就更改为我们所需要的结果了。

图 7-55　自定义二维码

最后，点击右上方的“下载”按钮，如图 7-56 所示。

图 7-56　下载

此时会有一个弹窗，我们可以根据需求选择格式以及导出的内容，如图 7-57 所示。

等待合成图片，如图 7-58 所示。

导出成功，可以下载到本地，如图 7-59 所示。

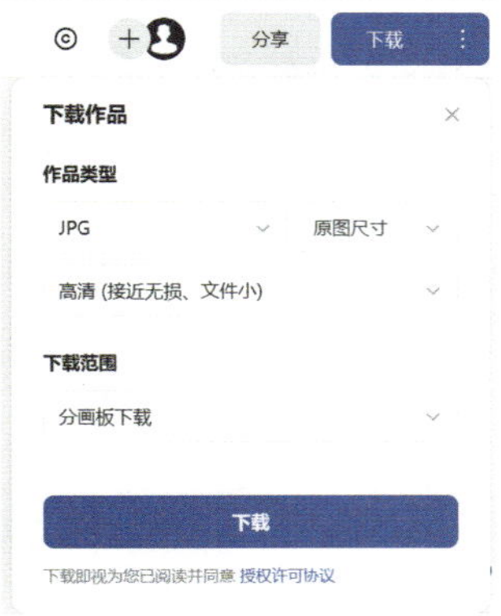

图 7-57　导出设置

图 7-58　合成图片

图 7-59　导出成功

海报效果如图 7-60 所示。

图 7-60　海报效果

GENERATIVE AI

第 4 篇

稿定设计基础入门

第 8 章 稿定设计功能介绍

在前面的章节中，我们已经学习了如何使用 AI 生成素材。这一章，我们将使用一款在线排版工具——稿定设计，制作设计内容。在后面的章节中，我们将堆友与稿定设计结合起来，设计电商、海报等平面设计物料。下面让我们一起来了解稿定设计的使用方法。

8.1 稿定设计首页

进入稿定设计的首页，我们能看到很多不同的功能组件，如图 8-1 所示。

图 8-1　稿定设计首页

我们可以将这个首页分为 10 个部分，如图 8-2 所示。切分成了每个小模块以后，大家可以先了解每一个模块的内容，这要比学习每一个功能按钮要快一些。下面我们将重点挑选一些常用的功能进行详细讲解。

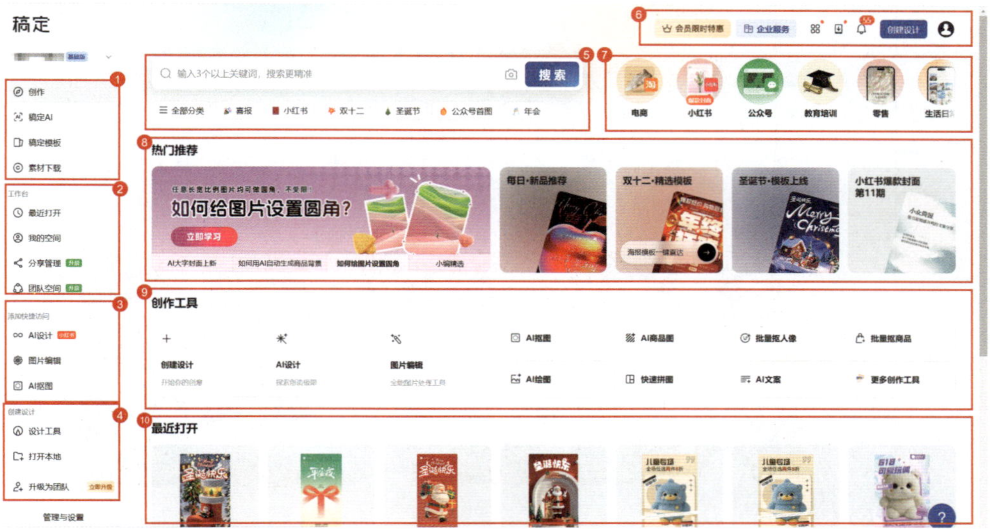

图 8-2　稿定设计功能分区

8.2 搜索

搜索是一个非常常用的功能，如图 8-3 所示。鼠标点击文本框，可以在这里输入关键词，点击右侧的“搜索”按钮，即可完成搜索。在这之前的搜索历史也会呈现在下方。在搜索框中，也提供了一些工具的快捷链接。

比如，在搜索框中输入“春节”，再点击右侧的“搜索”按钮，如图 8-4 所示。

图 8-3　搜索功能

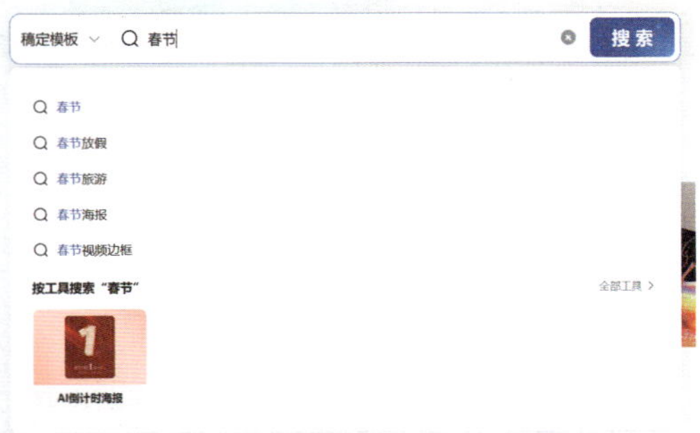

图 8-4　搜索春节相关内容

此时会跳转到搜索结果，如图 8-5 所示。可以看到右下角有许多关于春节的模板、素材、海报等元素。在搜索栏的下方，也会有相当多的筛选标签，方便我们控制和筛选搜索结果。

搜索结果的页面布局大致分为三部分，第一部分是左侧的工具栏，第二部分是条件筛选区域，第三部分是搜索结果，如图 8-6 所示。

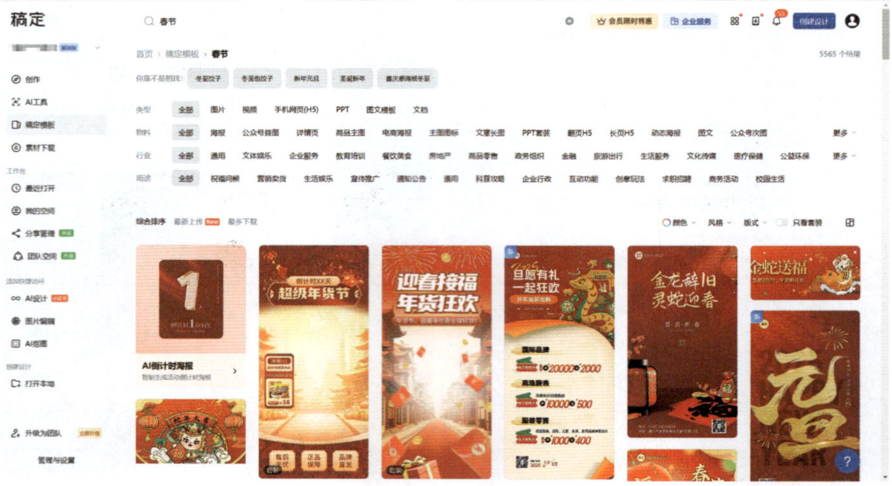

图 8-5　搜索结果

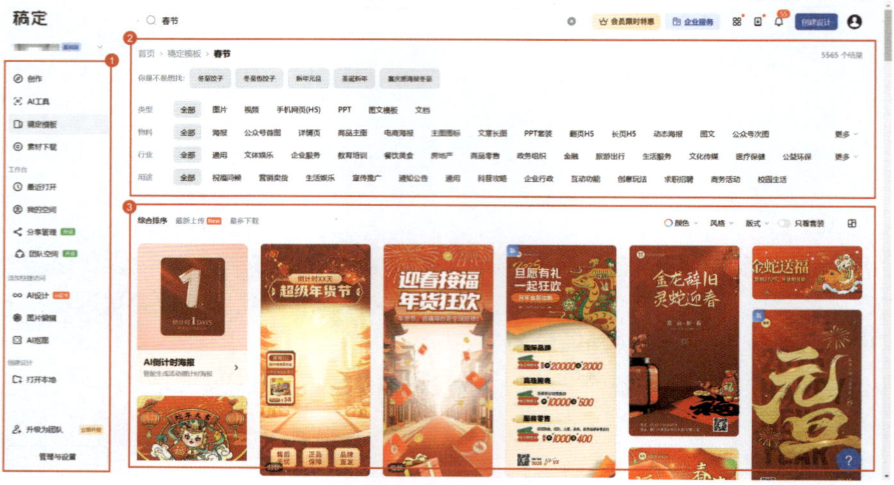

图 8-6　搜索结果页面布局

我们选择其中的一张海报，点击左键，即可进入编辑内容的工作台，如图 8-7 所示。

图 8-7　选择海报

8.3
设计（内容编辑）工作台

内容编辑工作台是我们最为常用的页面之一，如图 8-8 所示，在这里可以编辑设计稿的内容。

图 8-8　内容编辑工作台（设计工作台）

设计工作台可以分为 5 个部分，如图 8-9 所示：①功能模块；②当前功能模块内容；③视图窗口；④图层与画板切换；⑤属性功能面板。

图 8-9　设计工作台分区

当我们在视图窗口选中标题的时候，右侧会出现关于标题内容的参数，如图 8-10 所示，比如字体、颜色、字号等。

图 8-10　属性面板

8.4 左侧工具栏

我们可以在左侧的工具栏中调取元素，如图 8-11 所示。切换到“元素”模块，在这里可以选取非常多的贴纸小元素，用于装饰、点缀设计。

在“文字”模块中，可以为设计添加标题、文本框、艺术字等跟文字相关的内容，如图 8-12 所示。

接下来，我们来添加文字，了解如何使用该功能，如图 8-13 所示，点击标题。

此时设计稿中会出现一个文本框，里面写着“双击编辑标题”，如图 8-14 所示。

图 8-11　元素模块

图 8-12　文字模块

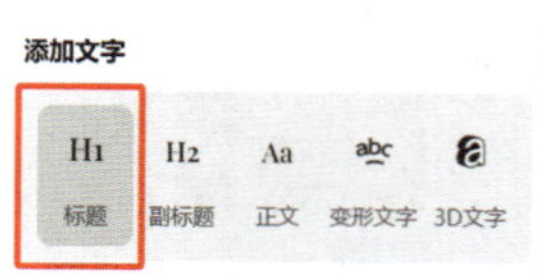

图 8-13　添加文字

图 8-14　添加文本框

8.5
导出设计

设计完成以后，点击右上角的“下载”按钮，即可导出设计，如图 8-15 所示。

点击以后，会出现导出设计的相关参数，如图 8-16 所示。在这个页面中，我们可以选择文件格式、图片质量和下载范围。

图 8-15　下载导出设计

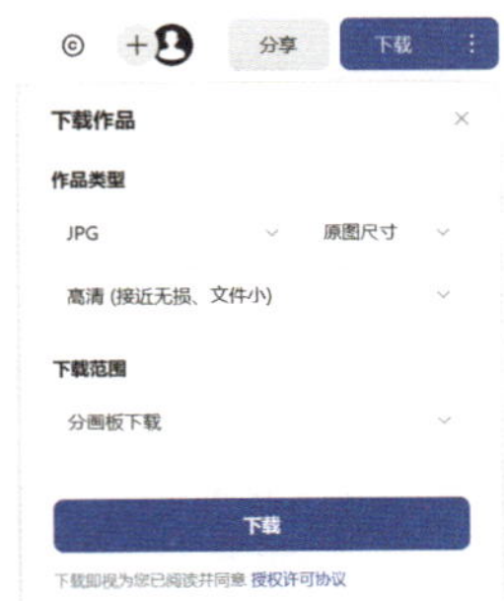

图 8-16　下载参数

8.6
创建设计

在稿定设计中，我们可以直接点击海报素材，基于此来创建设计，也可以创建空白画布创建设计，这种方式创建的是一张空白画布。在首页右上角有一个“创建设计”的按钮，也可以在下方的“创作工具”中点击“创建设计”，如图 8-17 所示。

图 8-17　创建设计

此时，可以选择画布的尺寸，如图 8-18 所示。设置尺寸可以手动输入数值，也可以在下方选择系统推荐的尺寸，比如手机海报、横版海报、小红书配图、公众号首图等。

选择并创建“手机海报”，尺寸为 1242×2208px（像素），如图 8-19 所示。

图 8-18　选择画布尺寸

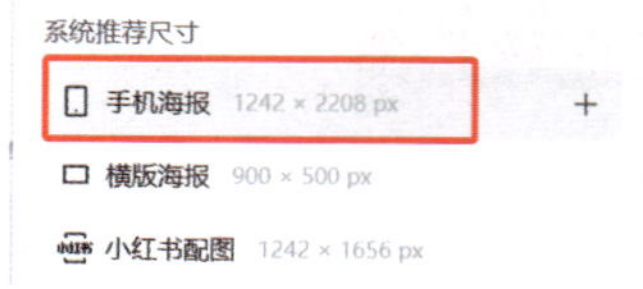

图 8-19　手机海报尺寸

跳转到设计工作台，画板中的画布为纯白色，右侧是画板的相关设置，如图 8-20 所示。

在左侧的“元素”模块中，找到“emoji 表情包”，点击其中的一个，即可完成快速创建，如图 8-21 所示。此时，表情包就会显示在白色的画布之中。

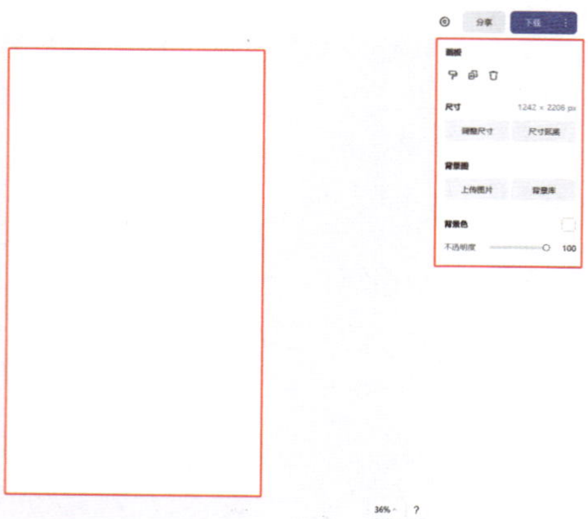

图 8-20　纯白画布

图 8-21　创建元素

第 9 章 稿定 AI 设计

9.1 AI 设计

稿定内置了 AI 模块，可以利用 AI 加速设计创作，如图 9-1 所示。在首页中，我们可以通过下方框选的区域，快速进入 AI 的相关功能。

图 9-1　AI 设计（一）

在“创作工具”中，点击“AI 设计”，如图 9-2 所示。

图 9-2　AI 设计（二）

这时会跳转到一个专门的 AI 设计页面，如图 9-3 所示。在这里，我们可以清晰地看到 AI 的用途，可以利用 AI 满足小红书、电商、新媒体、私域等领域的需求。

在这个页面中，左侧可以切换不同的 AI 功能，比如设计、绘图、素材、文案，如图 9-4 所示，右侧是该功能下的内容展示。

图 9-3　AI 设计满足不同领域

图 9-4　AI 设计布局

在 AI 设计的小红书模块中，选择“小红书大字封面”，如图 9-5所示。

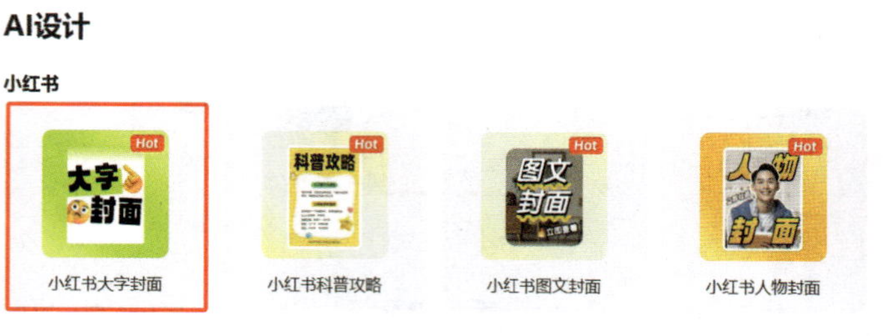

图 9-5　小红书大字封面

跳转到工作台，右侧是创建好的小红书笔记，可以直接使用，如图 9-6 所示。选择右下角的封面，点击进入，如图 9-7 所示。

图 9-6　AI 设计小红书封面

图 9-7　选择封面

此时会跳转到设计工作台中，在这里，可以对这个设计进行进一步的调整，如图 9-8 所示。

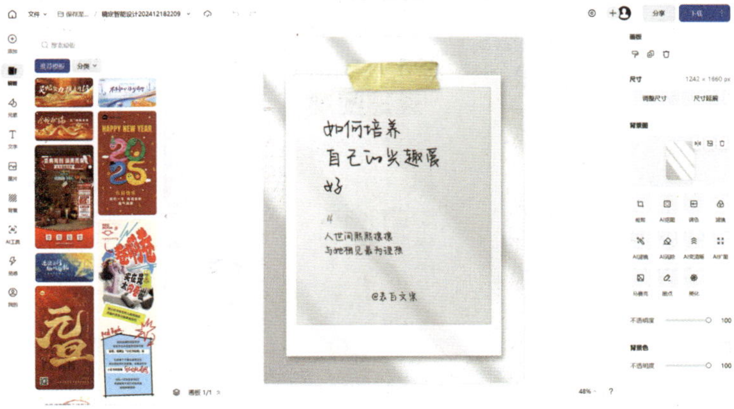

图 9-8　设计工作台

也可以在左侧的标题中，手动输入另外一个标题，如图 9-9 所示。此时，AI 可以帮我们瞬间生成许多海报。

图 9-9　手动输入标题

如果生成的海报不够满意，可以点击下方的“换一批结果”按钮，如图 9-10 所示。

图 9-10　换一批结果

此时 AI 会立刻生成新的一批内容，如图 9-11 所示。

图 9-11　更换结果

9.2
AI 绘画

除了利用 AI 制作海报元素以外，我们还可以利用稿定 AI 生成图片，如图 9-12 所示。这个功能和堆友 AI 类似，但是整个界面更加简洁，功能相对更少一些。

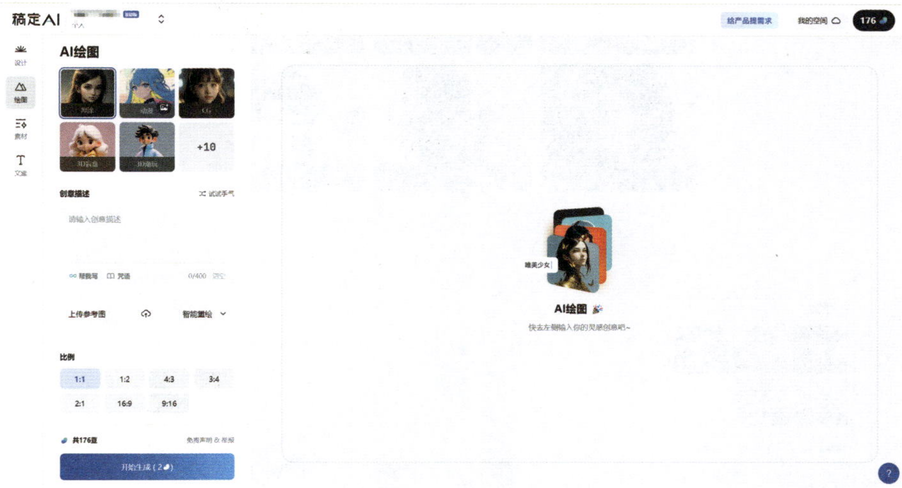

图 9-12　AI 绘图

AI 绘图的页面布局与之前的 AI 设计类似，在左侧，我们可以设置图片的相关参数，右侧则是生成结果，如图 9-13 所示。

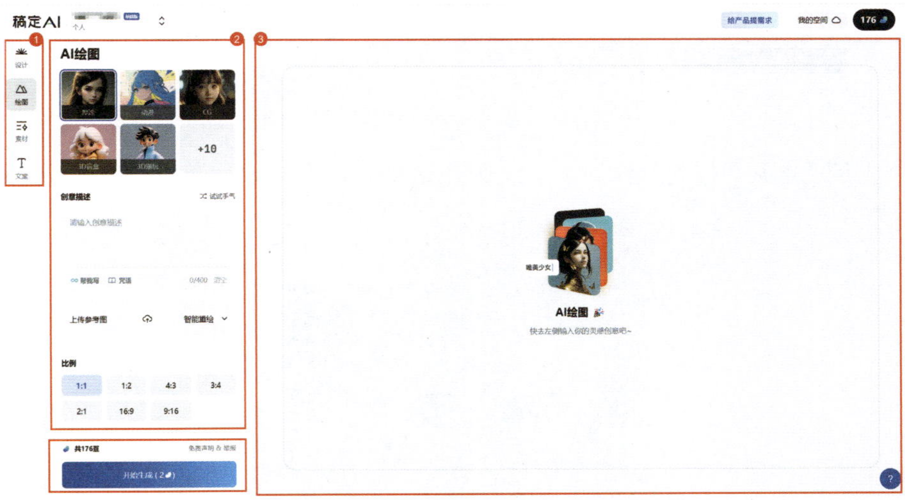

图 9-13　AI 绘图布局

在 AI 绘图中，可以选择不同种类的风格，可以生成不同类型的图片，如图 9-14 所示。

选择“动漫”风格，在“创意描述”中，输入一段话，指引 AI 生成图像，如图 9-15 所示，最后点击下方的“开始生成”按钮。

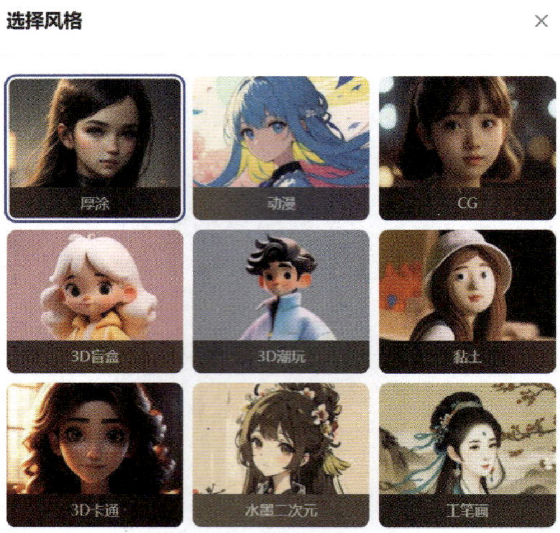

图 9-14　选择风格

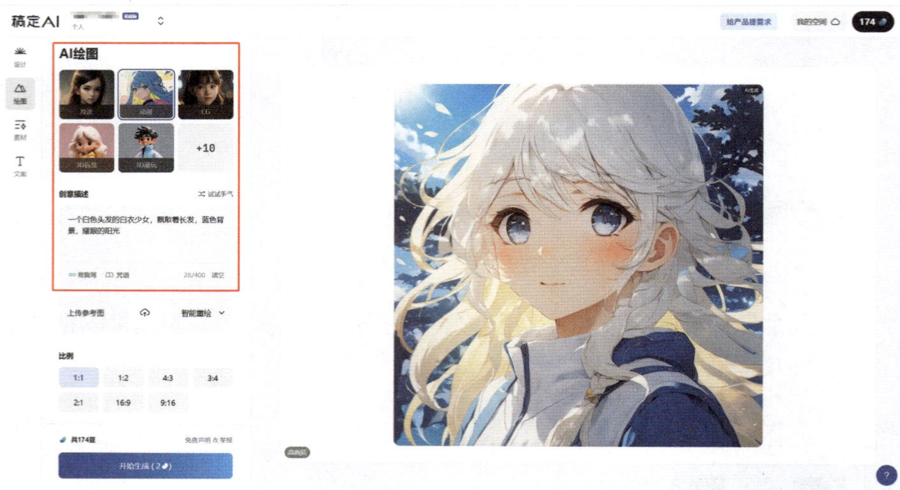

图 9-15　输入参数

最终得到的图片可以将其作为设计元素，如图 9-16 所示，也可以点击右下方的下载，导出到本地。

图 9-16　生成结果

9.3
AI 素材

我们可以利用 AI 生成小图，作为装饰素材，如图 9-17 所示。用法和 AI 绘图的方法一样，布局类似。

图 9-17　AI 素材

在文本框中输入提示词，如图 9-18 所示，点击“一键生成”按钮，右侧即可得到素材。

图 9-18　输入提示词

点击“高级创作”按钮，如图 9-19 所示，可以找到更多调节参数。

此时会有更多的参数可供调节，如图 9-20 所示。

切换到 3D 的风格，如图 9-21 所示。

点击“帮我写”按钮，如图 9-22 所示。

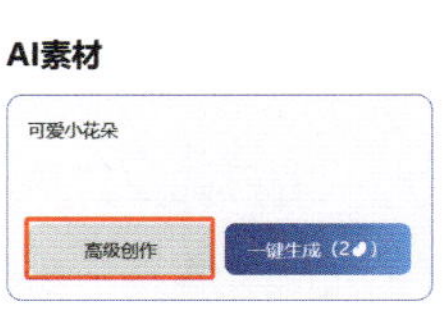

图 9-19　高级创作

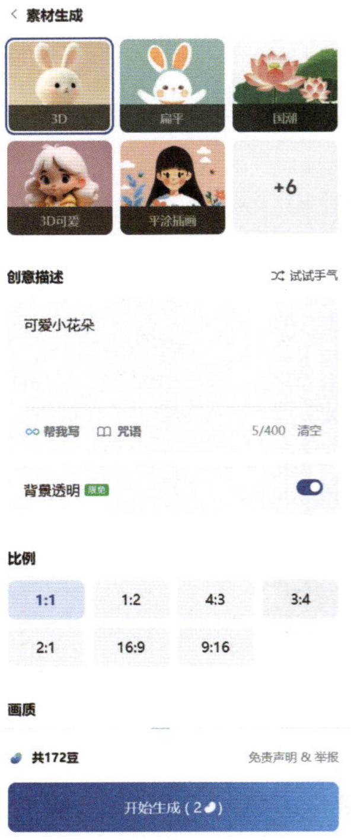

图 9-20　素材生成

图 9-21　更换风格

图 9-22　帮我写

点击下方的“生成创意描述”按钮，如图 9-23 所示。AI 会基于我们的描述，生成更为详细和专业的提示词。

等待创意生成，如图 9-24 所示。

AI 一次性生成了若干个方案，可以从中挑选，如图 9-25 所示，再点击下方的“使用此描述”按钮。

图 9-23　AI 帮我写

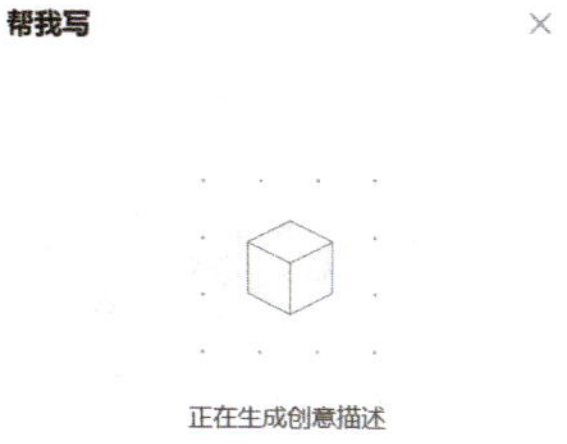

图 9-24　生成中

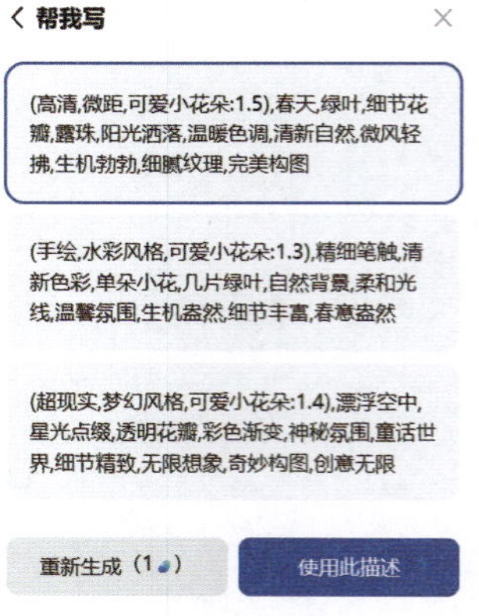

图 9-25　使用此描述

此时就会生成 3D 风格的可爱小花装饰元素，如图 9-26 所示。

点击图片可以下载该元素，如图 9-27 所示。

也可以查看它的图片描述与其他参数，如图 9-28 所示。

图 9-26　生成完毕

图 9-27　下载素材

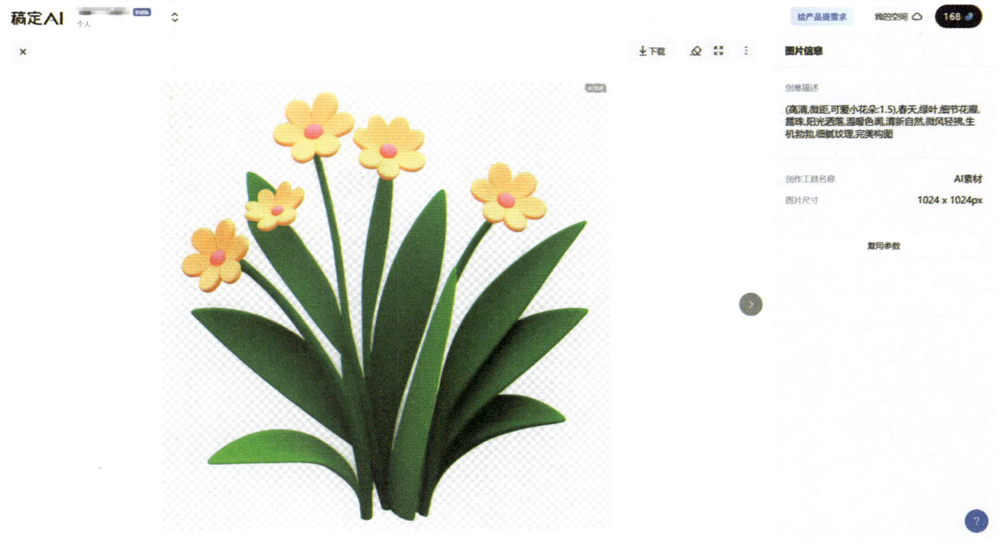

图 9-28　图片描述

9.4 AI 文案

可以利用 AI 生成小红书、公众号、短视频、朋友圈、社群等领域的文案，如图 9-29 所示。只需要给 AI 指令，就能帮我们快速书写文本内容。

图 9-29　AI 文案界面

左侧是 AI 文案的用途与参数面板，右侧则是生成结果，如图 9-30 所示。

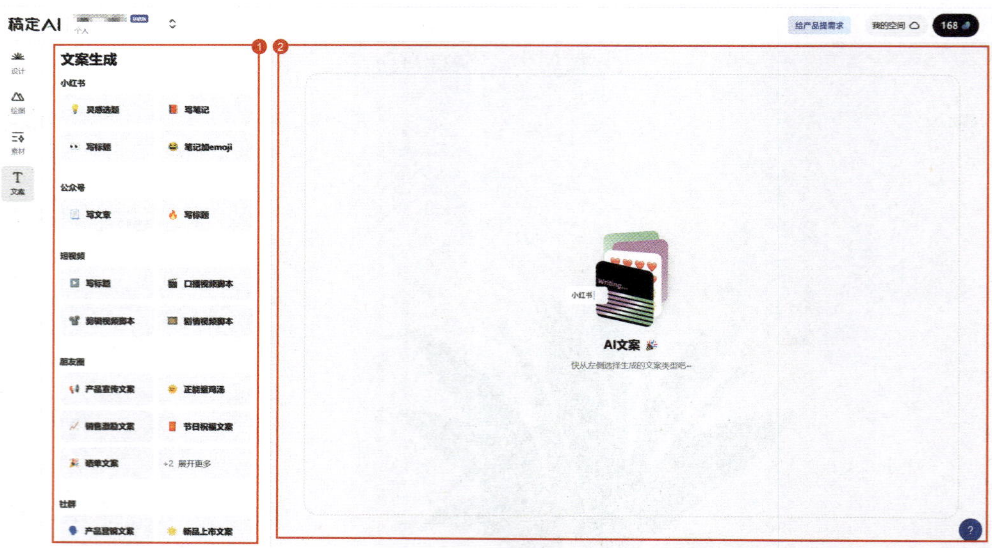

图 9-30　AI 文案界面布局

选择小红书模块的“写笔记”功能，如图 9-31 所示。

可以在“内容需求”文本框中，输入文案的需求，或者是草稿，如图 9-32 所示。

如果没有具体的需求，可以点击“试试范文”，如图 9-33 所示。

选择“探店笔记”，如图 9-34 所示。

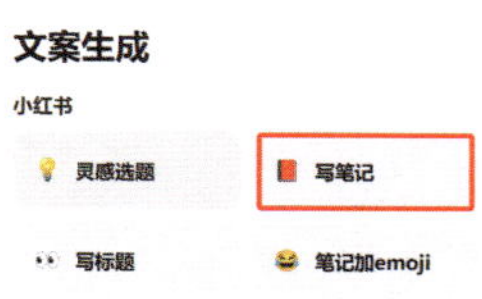

图 9-31　写笔记

图 9-32　内容需求

图 9-33　试试范文

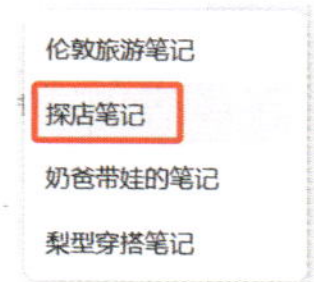

图 9-34　探店笔记

下方就会生成一个描述性的语言，告知 AI，如图 9-35 所示。

此时 AI就会给我们生成多种不同风格的文案，如图 9-36 所示。

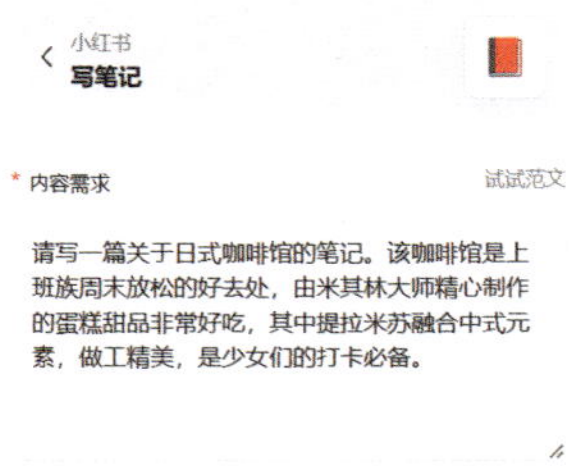

图 9-35　内容需求

图 9-36　AI 生成文案

对话的右下角，可以复制，也可以润色该内容，如图 9-37 所示，点击“润色”按钮。

弹出一个页面，包含了文案翻译、语气转变、缩写、扩写功能，如图 9-38 所示。

我们将文案翻译为“英文”，如图 9-39 所示。

图 9-37　润色

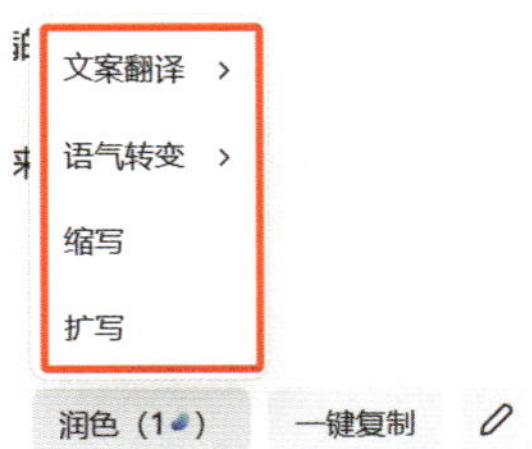

图 9-38　文案润色功能

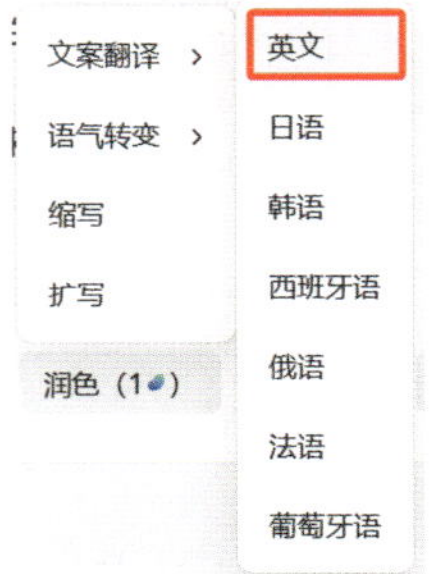

图 9-39　文案翻译

此时，AI 会把文本翻译为英文，如图 9-40 所示。

点击“编辑”图标，如图 9-41 所示，可以将 AI 生成的内容进行自定义编辑。

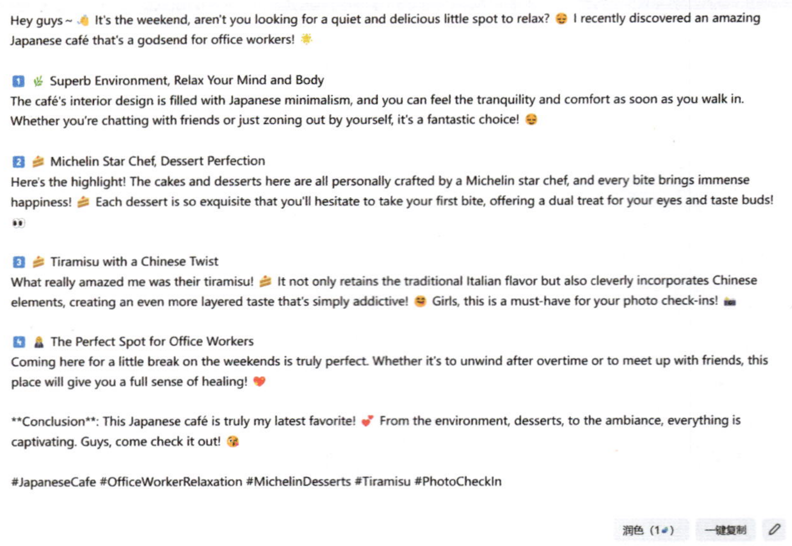

图 9-40　AI 翻译

图 9-41　文本编辑

自定义编辑生成的文本，可以删除、添加内容，如图 9-42 所示。

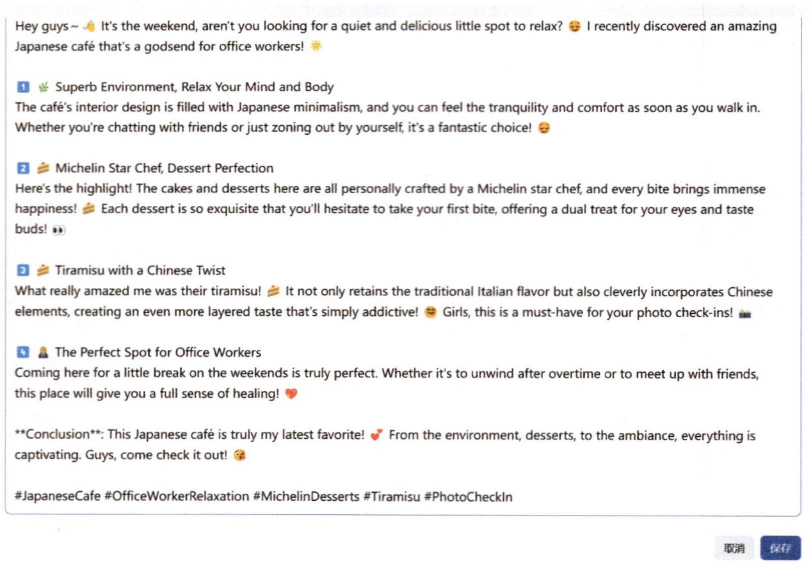

图 9-42　文本编辑

GENERATIVE AI

第 10 章 AI 抠图

下面我们来讲解稿定设计中的图片处理功能——抠图与编辑，这是两个不同的内容，我们先来讲解抠图。抠图是一种从图片中分离出特定对象或区域的技术，常用于设计、影视后期、摄影等领域，以更换背景或移除不需要的元素，可以通过图像编辑软件手动完成，也可以利用 AI 技术自动实现。

10.1 AI 抠图

在稿定设计首页中，可以在左侧和创作工具中分别找到 AI 抠图功能，如图 10-1 所示。

图 10-1　AI 抠图

点击以后，会进入 AI 抠图的页面，如图 10-2 所示。

AI 抠图主要有以下四个功能：智能消除、批量抠商品、批量抠人像、证件照，如图 10-3 所示。

图 10-2　AI 抠图页面

图 10-3　AI 抠图用途

10.2 智能消除

首先我们来使用智能消除功能，如图 10-4 所示。

上传本地图片到稿定中，如图 10-5 所示。

上传完成后，需要跳转到稿定编辑器，点击“立即跳转”按钮，如图 10-6 所示。

图 10-4　智能消除

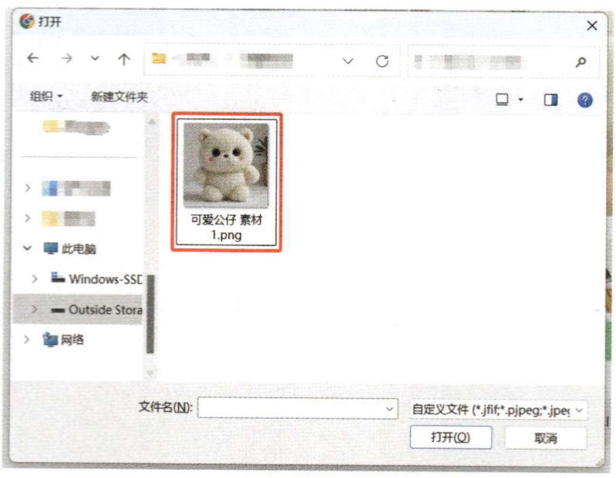

图 10-5　上传图片

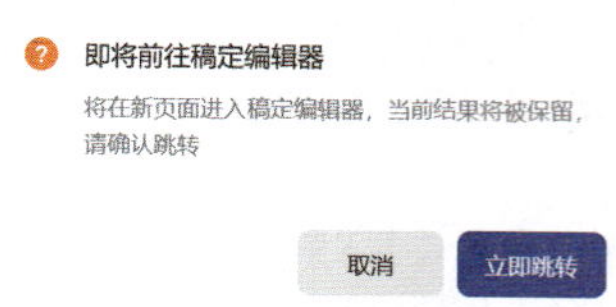

图 10-6　立即跳转

左侧是待修改的图片，右侧是编辑工具，如图 10-7 所示。

图 10-7　图片编辑窗口

使用涂抹工具，把后方的花盆涂抹，如图 10-8 所示，点击右下方的“开始消除”按钮。此时背景中的花盆就被“消除”干净了，如图 10-9 所示。

图 10-8　涂抹目标

图 10-9　消除完成

10.3 批量抠商品

去除商品图背景往往是一个枯燥烦琐的工作，使用 AI 可以一键去除商品图背景，如图 10-10 所示。

图 10-10　批量抠商品

在这个页面中，左侧是相关参数，右侧是结果预览，如图 10-11所示。

左侧的参数面板中，可以找到各大主流电商的快捷配置，如图 10-12 所示，点击即可快速切换。

选择电钻商品图，上传到系统之中，如图 10-13 所示。

此时 AI 就帮我们去除了背景图片。还可以上传其他更多的商品图，如图 10-14 所示。

图 10-11　商品抠图工作台

图 10-12　快捷配置

图 10-13　上传图片

图 10-14　处理完成

将 10.2 节中的毛绒玩具图片也上传到系统之中，如图 10-15 所示。

图 10-15　上传图片

系统会立刻去除该图片的背景，如图 10-16 所示。

图 10-16　抠图完成

如果对抠图结果不满意，可以点击图片，进入工作区域，进行细致操作，如图 10-17 所示。

图 10-17　优化细节

点击“优化细节”，进入精细抠图页面，左侧是未处理的内容，紫色区域代表保留的区域，右侧是处理完成的图像，如图 10-18 所示。我们可以手动添加或去除保留的位置，从而达到精细控制的效果。

图 10-18　精细抠图

10.4

批量抠人像

这是稿定设计专门针对人像的抠图工具，如图 10-19 所示。

图 10-19　人像抠图

使用方式与之前的商品抠图方法类似，如图 10-20 所示，左侧是相关参数，右侧则会显示抠图效果。

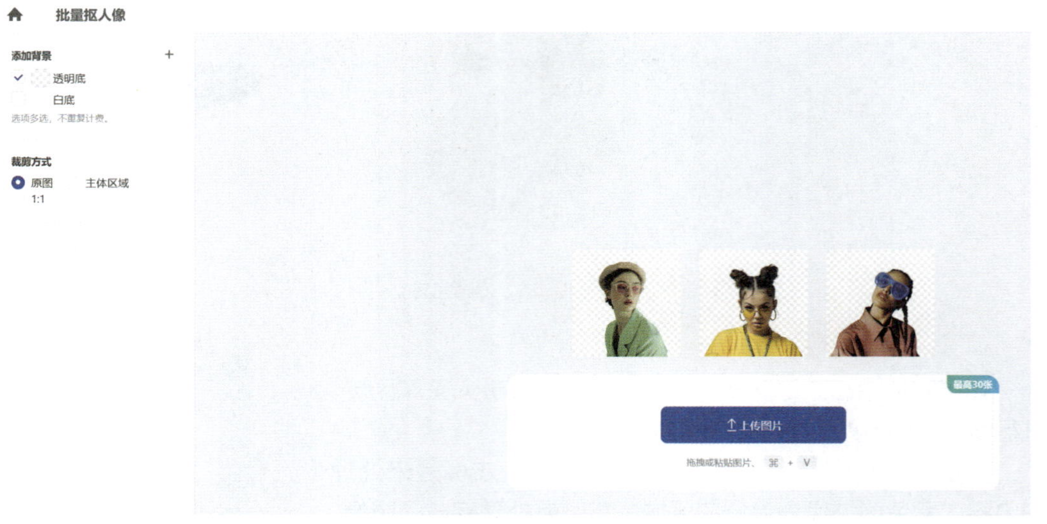

图 10-20　工作台

将人像图片上传到系统之中，如图 10-21 所示。

AI 瞬间就完成了抠图，这张图片难度比较大，是因为头发丝非常多，并且有许多模糊效果，如图 10-22 所示。

图 10-21　上传图片

图 10-22　AI 人像抠图

10.5 证件照

图 10-23　证件照

证件照功能如图 10-23 所示。

上传图片，如图 10-24 所示。

图 10-24　上传素材

抠图完成后，可以给素材更换证件照常用的背景色，如图 10-25所示。

图 10-25　证件照

GENERATIVE AI

第 11 章

稿定在线设计工具

在首页左侧的 AI 工具中，可以查看稿定设计的在线设计工具，如图 11-1 所示。

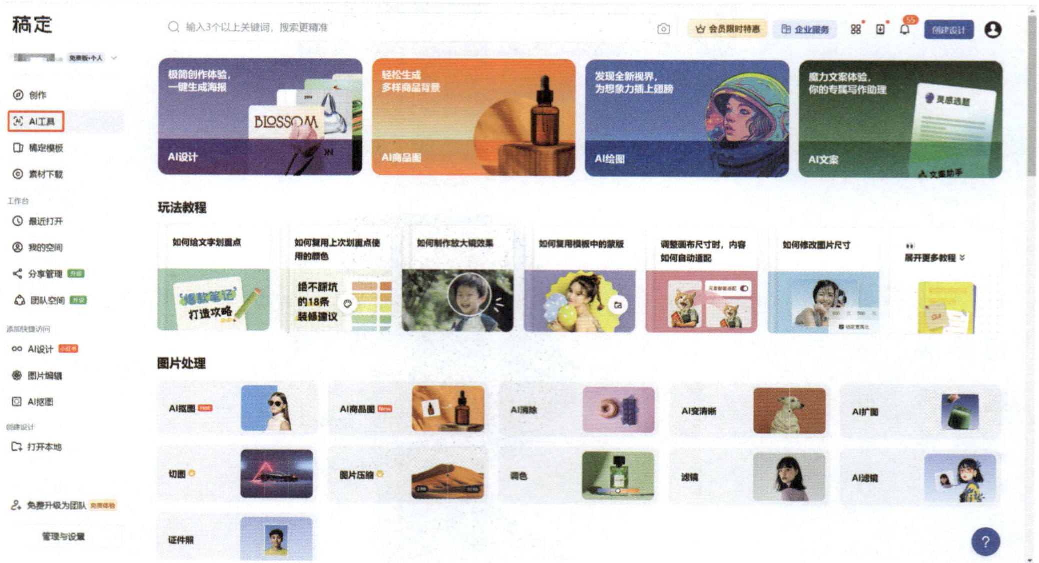

图 11-1　AI 工具

在图片处理下方，罗列了稿定设计中的“设计工具”，如图 11-2 所示。由于篇幅有限，我们挑选一些比较有代表性的进行讲解。

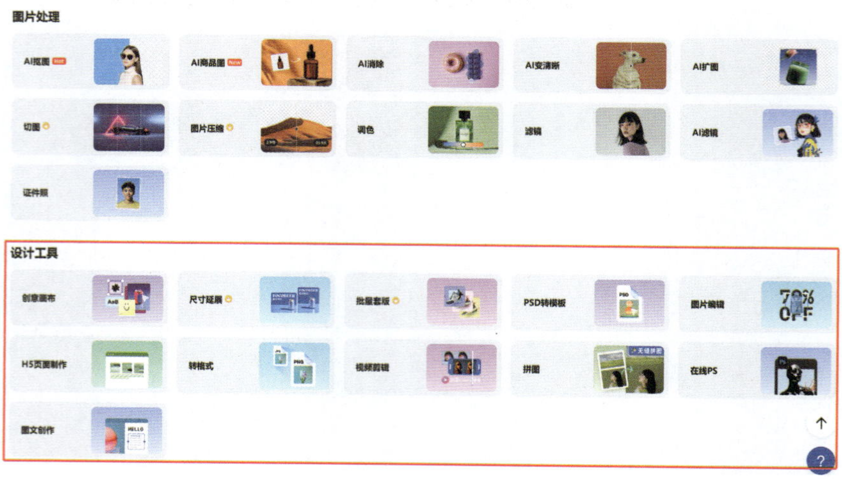

图 11-2　设计工具

11.1
创意画布

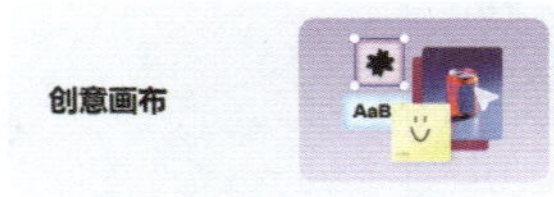

图 11-3　创意画布

稿定设计的创意画布功能如图 11-3 所示。

这是一个非常适合做头脑风暴的工具，我们可以将设计灵感汇总到这个页面中，方便我们查看灵感，激发设计创意，如图 11-4 所示。

图 11-4　创意画布

11.2
图片编辑

图 11-5　图片编辑

稿定设计的图片编辑功能如图 11-5 所示。

这个功能可以编辑图片的尺寸、色彩、颜色叠加效果等，如图 11-6 所示，可以用来处理图片素材的属性。

图 11-6　图片编辑功能

11.3 视频剪辑

图 11-7　视频剪辑

稿定设计的视频剪辑功能如图 11-7所示。

稿定设计内置了一个视频剪辑的工具，我们可以将普通的图片素材转换为动图或视频，如图 11-8 所示。

图 11-8　视频剪辑功能

11.4 在线 PS

图 11-9　在线 PS

稿定设计的在线 PS 图标如图 11-9 所示。

Photoshop（PS）是设计行业用途最为广泛的工具之一，如图 11-10 所示。稿定设计

图 11-10　在线 PS页面

内置了一个 PS 功能，因此我们可以登录网页，在线使用 PS。这个功能支持许多格式编辑，不需要切换到不同的软件。

在线 PS 的功能非常完善，适合对图片进行精细化处理，如图 11-11 所示。

图 11-11 在线 PS 界面

11.5 图文创作

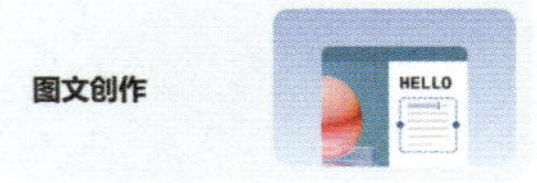

图 11-12 图文创作

稿定设计的图文创作功能如图 11-12 所示。

稿定设计不仅仅适合用于海报等图片类元素的创作，也可以处理与文本相关的内容，如图 11-13 所示，比如公众号的图文处理。

图 11-13 图文创作功能

GENERATIVE AI

第 5 篇

综合案例——设计实战与创新应用

第 12 章 节日海报设计

12.1 节日海报的设计原则

（1）明确主题

在设计节日海报之前，首先要深入研究节日的历史背景、文化意义和传统习俗，确保设计能够准确传达节日的精神和活动细节。例如，春节是中国最重要的传统节日之一，设计时可以突出家庭团聚、辞旧迎新的主题，使用灯笼、鞭炮、对联等传统元素，配以“新春快乐”“阖家幸福”等祝福语；中秋节则象征团圆和丰收，设计时可以围绕月亮、月饼、兔子等元素展开，海报上可以写“中秋佳节，共赏明月”等温馨话语，如图 12-1、图 12-2 所示。

图 12-1　春节

（2）色彩运用

选择与节日氛围相符的色彩，利用色彩心理学增强情感共鸣。注意色彩的对比和协调，避免过于刺眼或单调。例如，春节期间，红色代表喜庆和好运，金色象征财富和富贵，可以使用大面积的红色作为背景，配上金色的装饰元素，如金元宝、红包等。端午节则可以使用绿色代表艾草和粽子，蓝色代表江水和龙舟，以绿色和蓝色为主色调，配以粽叶、龙舟等图案，如图 12-3 所示。

图 12-2　中秋

图 12-3　端午节

（3）视觉焦点

设计中需要有一个明确的视觉中心，吸引观者的注意力。视觉焦点可以是节日的标志性物品、活动照片或关键信息。例如，春节期间，可以将一个大大的福字或一个传统的红包作为视觉焦点，周围点缀小灯笼、鞭炮等元素。重阳节则可以将登高远眺的场景作为视觉焦点，背景可以是山川和菊花，凸显“九九重阳，登高望远”的主题，如图 12-4 所示。

图 12-4　重阳节

（4）字体选择

根据节日的风格选择合适的字体，字体应与整体设计风格协调一致。关键信息的字体要清晰易读，避免过于花哨。例如，春节期间，可以使用楷书或行书等传统书法字体，增加节日的传统文化氛围。七夕节则可以选择浪漫的手写字体，配以心形、玫瑰等元素，突出爱情的主题，如图 12-5 所示。

（5）简洁明了

尽管需要传达的信息可能很多，但设计上要保持简洁，避免信息过载，如图 12-6 所示。确保关键信息（如活动时间、地点等）清晰易读，一目了然。例如，国庆节可以将“庆祝中华人民共和国成立 ×× 周年”作为主要标题，下方简洁地列出活动时间和地点，背景可以使用国旗、天安门等元素。元宵节则可以将“元宵佳节，猜灯谜赢好礼”作为主要标题，下方列出具体活动内容和时间，背景可以使用灯笼、汤圆等元素。

图 12-5　七夕

图 12-6　国庆节

（6）创意表达

在遵循基本设计原则的基础上，发挥创意，使作品具有独特性和记忆点。可以尝试新颖的构图、特别的视觉效果或独特的设计理念。例如，中秋节可以设计一张现代感十足的海报，用抽象的线条和几何图形表现月亮和嫦娥的形象，背景可以是城市的夜景，突出“现代中秋”的概念。清明节则可以设计一个充满诗意的海报，用淡雅的水墨画表现春意盎然的景象，配以“清明时节雨纷纷，路上行人欲断魂”的诗句，营造出淡淡的哀思氛围，如图 12-7 所示。

（7）文化敏感性

尊重不同文化和宗教的传统习俗，避免使用可能引起误解的元素。了解目标受众的文化背景，确保设计符合他们的审美和价值观。例如，端午节在设计时避免使用与屈原无关的元素，西方的万圣节要使用有南瓜的元素（图 12-8）等，确保设计尊重传统文化。

（8）适应媒介

考虑海报最终将如何展示（例如打印版、数字屏幕等），并据此调整设计尺寸和分辨率，确保在任何媒介上都能呈现出最佳效果。特别是在数字平台上，注意文件格式和大小的优化。例如，国庆节的海报如果主要用于社交媒体传播，可以设计为适合手机屏幕的竖版格式，同时确保文字和图像在不同设备上都能清晰显示。

图 12-7　清明

图 12-8　万圣节

12.2
实战演练：快速制作海报

12.2.1　AI 制作海报元素

图 12-9　海报效果

制作如图 12-9 所示的这张海报主要用到堆友的生图功能和稿定设计中的素材与排版功能。接下来进入案例的学习。

在堆友的首页顶部菜单栏中，点击“AI 反应堆”按钮，如图 12-10 所示，进入 AI 反应堆工作台。

图 12-10　AI 反应堆

进入工作台以后，切换到“自由模式”（这个模式兼顾了“简洁模式”的易用性，同时也会有较多的功能），如图 12-11 所示。

图 12-11　经典生图工作台

在“底层模型”中，点击“点击查看全部模型”按钮，如图 12-12 所示，进入模型页面。在模型页面的搜索栏中，输入“超级美漫”，并选择该模型，如图 12-13 所示。

图 12-12　底层模型

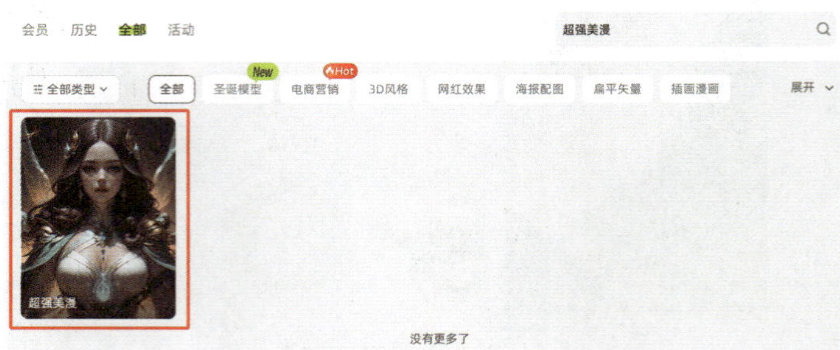

图 12-13　选择模型

点击“增益效果”，可以选择 Lora 模型，让画面更加有细节。如图 12-14 所示是堆友中的 Lora 小模型。

在这个模型库中，我们可以选择叠加底层模型的细节，AI 会首先基于底层模型的效果生成图片，然后叠加增益效果的小模型，让画面更有细节和内容，如图 12-15 所示。挑选增益效果像是给画面添加一些元素，将这些元素融入大模型的画面之中。不过，哪些大模型与小模型搭配起来比较合适，就需要不断地尝试了。

在搜索框中输入“毛绒”，选择“毛绒玩偶”模型，如图 12-16 所示。

图 12-14　增益效果

图 12-15　小模型类型

选择完成以后，可以给增益效果设置一个参考程度值，如图 12-17 所示，数值越大，参考程度越大，但是不推荐设置较大数值。

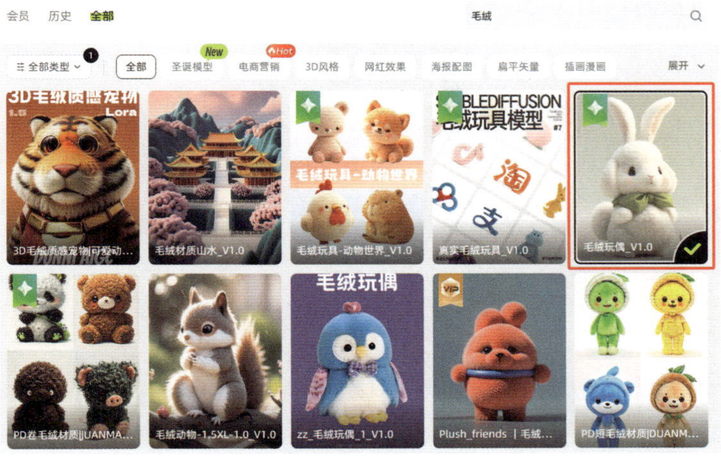

图 12-16　挑选小模型

选择了底层模型与增益效果模型以后，就可以给画面添加画面描述（也叫提示词），如图 12-18 所示。

图 12-17　增益效果

另外，添加反向提示词（负面描述）也是一个非常有必要的环节，可以大幅降低画面出错的概率，如图 12-19 所示。反向提示词简单理解就是什么不想要、不好看，就写什么。反向提示词最好用英文书写，可以写成中文以后翻译成英文。

参数设置完成以后，点击左侧最下方的“立即生成”按钮，如图 12-20 所示。

此时，我们可以简单做一个实验，探索一下增益效果参考程度值的影响，如图12-21所示。

图 12-18　画面描述

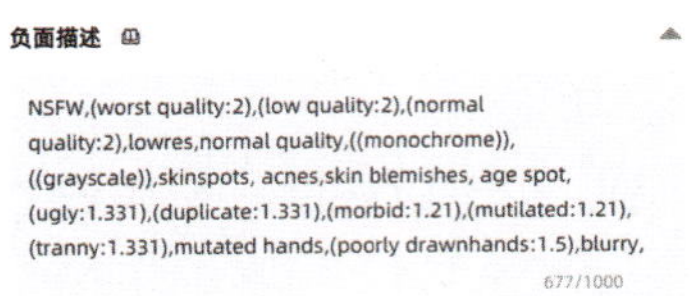

图 12-19　负面描述

图 12-20　立即生成

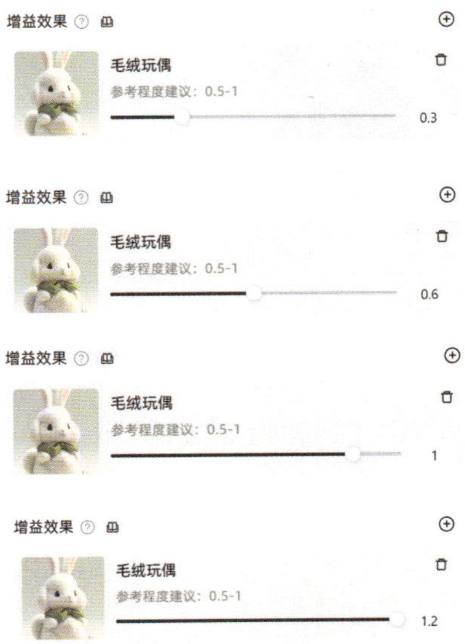

图 12-21　增益效果参数

分别将参考程度设置为 0.3、0.6、1.0、1.2，逐一生成结果，进行对比，如图 12-22 所示。

（a）增益效果 0.3　（b）增益效果 0.6　（c）增益效果 1.0　（d）增益效果 1.2

图 12-22　增益效果对比

通过对比我们发现，增益效果比较好的是 0.6 数值生成的图片，因此单个增益效果模型的参数尽可能控制在 0.5 ~ 1.0 之间，而多个增益效果模型的参考数值叠加之和不要超过 1.2。

生成好了多张图片，我们挑选一张，如图 12-23 所示。在右侧的工具栏中，点击“高清放大”按钮。

高清放大可以将分辨率进行提升，如图 12-24 所示。

升级完成画质以后，在右侧点击“一键抠图”，如图 12-25 所示，AI 将消除背景，保留主体物。

图 12-23　高清放大按钮

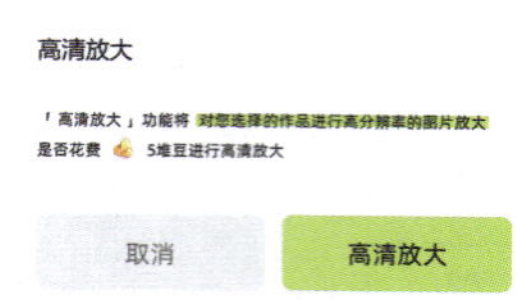

图 12-24　高清放大功能介绍

图 12-25　一键抠图按钮

抠图模式比较适用于画面简单的图片，如图 12-26 所示。

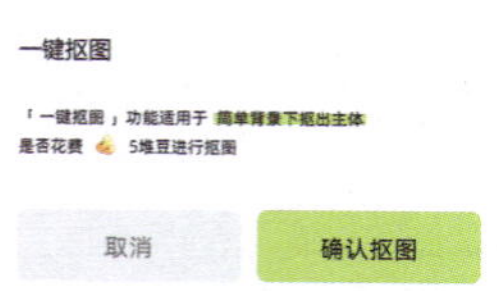

图 12-26　一键抠图功能介绍

抠图成功，点击下方的“下载图片（png）”按钮，将该图下载到本地，如图 12-27 所示。

在作为海报素材之前，也可以先做一个局部的修改，如图 12-28 所示，点击“局部重绘”按钮，跳转页面。

我们可以在这里绘制需要修改的局部，如图 12-29 所示，点击下方的“完成选区”。

图 12-27　下载图片

图 12-28　局部重绘

图 12-29　完成选区

完成以后，左侧的“局部重绘”中，会新建一个黑白颜色的蒙版，如图 12-30 所示，白色代表修改区域，黑色代表遮罩。

将鼠标悬浮在上面，可以点击“编辑重绘区域”，多次修改蒙版区域，如图 12-31 所示。

可以在原来的页面，通过画笔涂抹，继续修改蒙版的形状，如图 12-32 所示。

图 12-30　遮罩

图 12-31　编辑重绘区域

图 12-32　完成选区

修改完成蒙版以后，在原来的提示词基础之上，增添一个对这个局部区域的提示词，如图 12-33 所示。让这个提示词专门影响到这个蒙版区域，完成后，再次生成图片。

新生成的图片，蒙版以外的区域会保持原样，只有被涂抹的区域会产生修改，如图 12-34 所示。

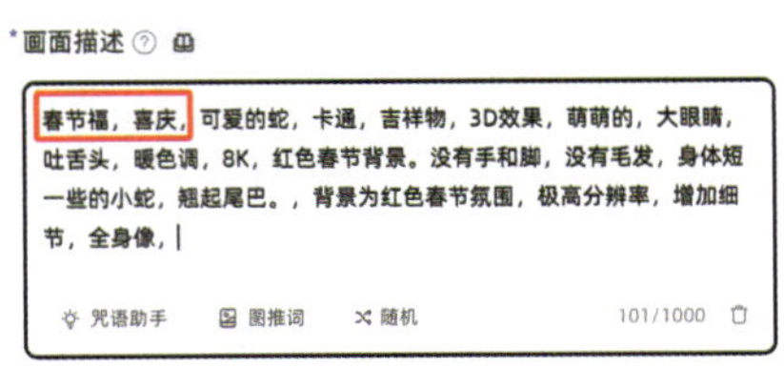

图 12-33　添加提示词

在右侧，点击“一键抠图”，可以将主体物抠出来，如图 12-35 所示。在这一步之前，读者也可以自行将这张图进行“高清放大”处理，这一步骤就不再赘述。

图 12-34　生成结果

图 12-35　一键抠图

抠图完成以后，点击下方的“下载图片（png）”按钮，将其保存到本地，如图 12-36 所示。

此时这个 AI 生成的素材图就可以方便地作为节日类海报素材了，如图 12-37 所示。

图 12-36　透明背景

图 12-37　素材效果

12.2.2　拓展案例

下面是举一反三的拓展环节，同样的思路，可以生成更多的海报素材，如图 12-38 所示，选择模型并且填写好提示词。

反向提示词也可以填写上，尽量控制 AI 生成一些高质量的图片，如图 12-39 所示。

生成后的效果如图 12-40 所示。这张图片同样可以使用抠图工具，作为海报的素材。

图 12-38　底层模型

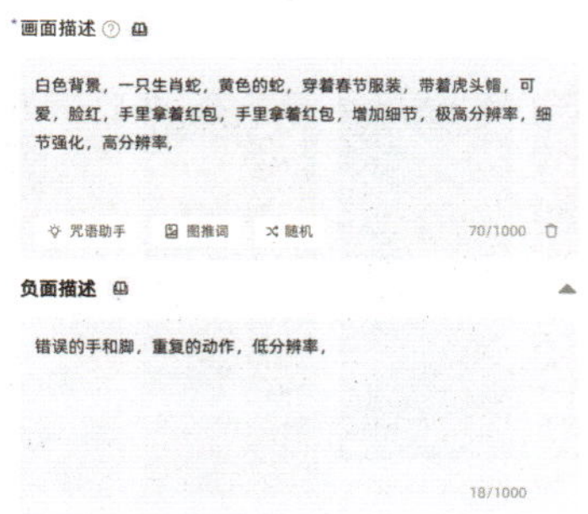

图 12-39　输入提示词

图 12-40　生成结果

下面我们再来制作一个素材，选择底层模型，如图 12-41 所示。

填写简单的提示词，如图 12-42 所示。

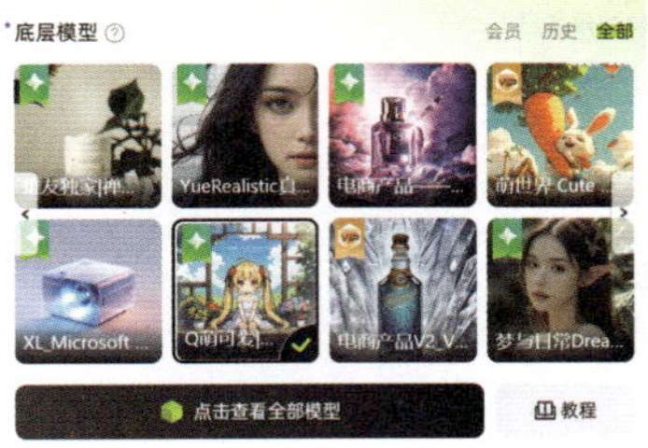

图 12-41　选择底层模型

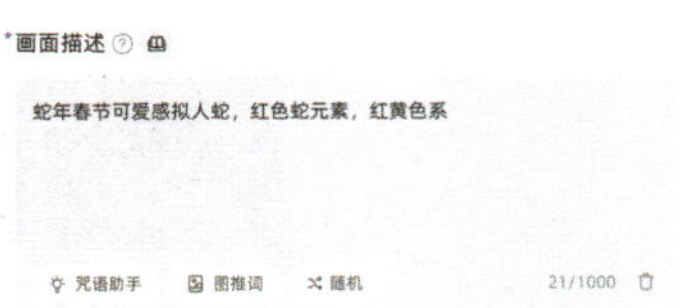

图 12-42　填写提示词

此时就生成了Q版的卡通形象，可以作为二次元风格的海报素材元素，如图12-43所示。

图 12-43　生成结果

12.2.3　海报设计

在稿定设计的主页面中，输入“春节海报”关键词，搜索相关内容，如图 12-44 所示。

图 12-44　搜索关键词

搜索结果如图 12-45 所示，在这里我们挑选比较符合的海报。

图 12-45　搜索结果

选择如图 12-46 所示的海报，点击进入稿定设计工作台。

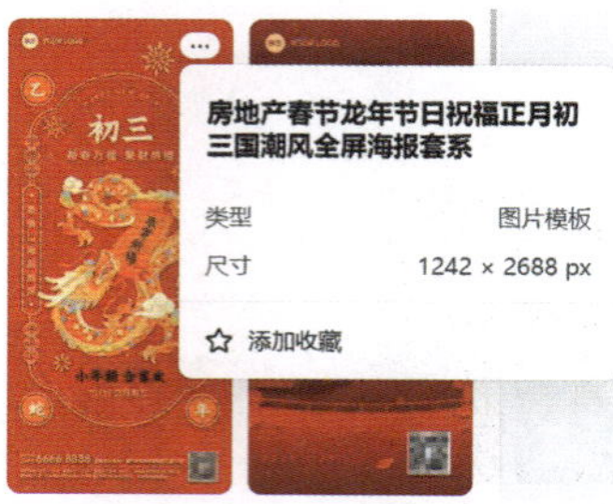

图 12-46　选择海报

这是一张设计模板，我们可以将刚才制作好的 AI 素材放入这张海报中，进行替换，如图 12-47 所示。在前面的讲解中，我们生成了若干张方案，可以都放进来，感受一下是否合适。

图 12-47　稿定设计工作台

当前左侧显示的是元素内容，我们在左下角，点击“图层”按钮，点击以后会跳转到图层显示，如图 12-48 所示。

在图层中，选中这一个组，也可以在右侧选中画面中心的这一个元素组，点击删除，如图 12-49 所示。左侧的图层与右侧的画面是一一对应的关系。

图 12-48　切换图层模式

图 12-49　删除图层

将之前生成的素材图拖曳到这个海报之中，如图 12-50 所示。

可以将其适当放大，但是不要遮挡其他元素，如图 12-51 所示。

图 12-50　导入素材

图 12-51　放大素材

点击右键，将该图层移动到底层，如图 12-52所示。

这样所有的内容都会出现在这个元素之上了，如图 12-53 所示。

我们在堆友中没有给这个元素提升画质。可以在稿定设计中提升，点击右侧的“AI 变清晰”按钮，如图 12-54 所示。

选择“超清”模式，点击“开始生成”按钮，如图 12-55 所示。

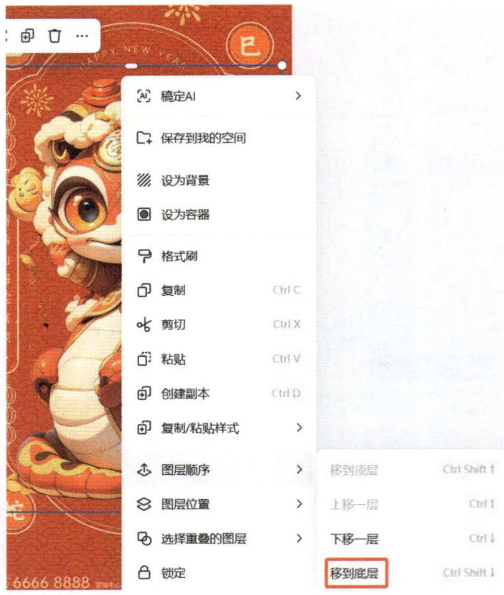

图 12-52　移动到底层

图 12-53　素材放置成功

等待生成时间，如图 12-56 所示。

图 12-54　提升素材画质

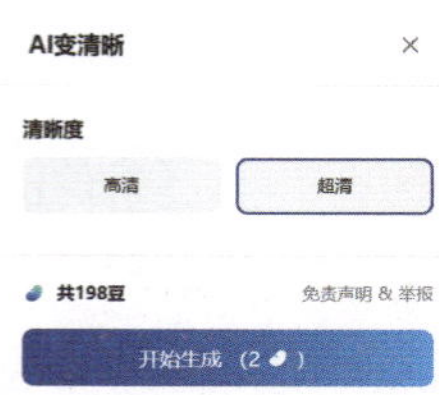

图 12-55　超清模式

图 12-56　等待 AI生成

高清步骤完成以后，还可以点击右侧的“调色”按钮，通过色彩调节，让这个素材更加融入海报的背景氛围之中，如图 12-57 所示。

图 12-57　调色

右侧可以看到调色的参数，如图 12-58 所示。

参数调整至如图 12-59 所示，主体思路是让元素更加红润，也偏黄一些，对比度再高一点。

图 12-58　调色工作台

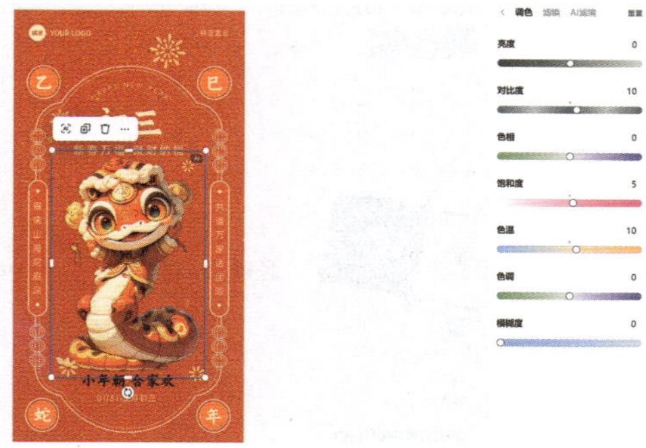

图 12-59　设置色彩参数

除了手动调节各项参数以外，还可以一键添加滤镜，如图 12-60 所示。

也可以让 AI 素材一键更换风格，如图 12-61 所示。这样就处理好了主体物元素，下面就开始处理海报中其他的内容。

图 12-60　滤镜

图 12-61　AI 滤镜

我们在稿定设计中搜索“logo”关键词，如图 12-62 所示。

图 12-62　搜索关键词

挑选一些可能可以替换的 logo 元素，如图 12-63 所示。

图 12-63　素材库

选择如图 12-64 所示的 logo，点击就可以进入工作台。

图 12-64　找寻素材

选择这个 logo 的所有元素，按键盘 Ctrl+C，如图 12-65 所示。

再切换到海报页面，粘贴在指定位置，按下键盘快捷键 Ctrl+V，如图 12-66 所示。

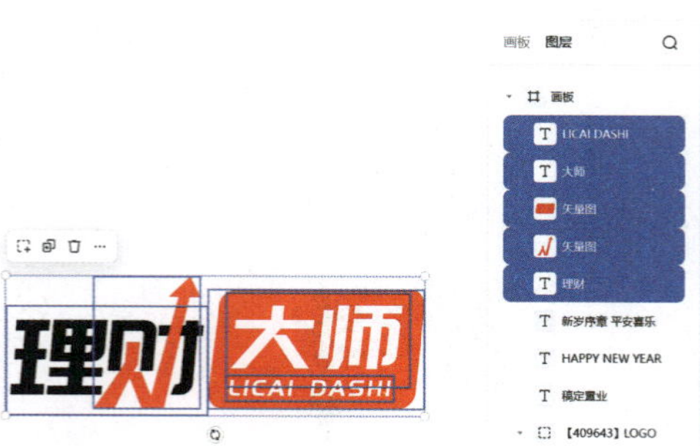

图 12-65　复制素材

图 12-66　粘贴素材

由于复制过来的元素没有成为一组，因此在右侧的图层中，在选中这些 logo 图层的情况下，点击鼠标右键，在弹出的页面中，选择“成组”，这样就将这些元素设定为一组了，如图 12-67 所示。

我们选择左上角的 logo，点击鼠标右键，选择“删除”，或者按键盘上的 Delete 键，进行删除，如图 12-68 所示。

图 12-67　素材成组

图 12-68　删除原本的 logo

将刚才的 logo 缩小后，放入左上角的位置，与右侧的文字顶部对齐，如图 12-69 所示。另外，双击右侧的这个文字，改为“新春佳节”。

修改完成后如图 12-70所示。

其他的海报文字元素也可以通过这样的方式进行修改，修改完成后，我们可以将制作好的海报导出，点击右上方的“下载”按钮，默认导出的格式是 JPG 格式，图片质量是原图尺寸，如图 12-71 所示。

稿定设计还提供了其他的图片格式，比如 PNG、PDF、PPT 等，如图 12-72 所示。

图 12-69　修改文本内容

图 12-70　替换 logo

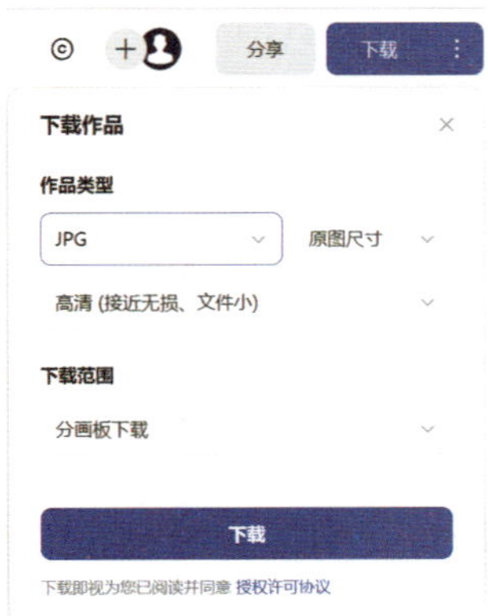

图 12-71　导出内容

图 12-72　其他格式

原图尺寸也可以进行修改，可以低清导出，也可以超过原图分辨率进行超高清导出，如图 12-73 所示。

等待导出，如图 12-74 所示。

导出完成后，可以下载该图片到本地，如图 12-75 所示。

这张手机版本的新春海报效果如图 12-76 所示。

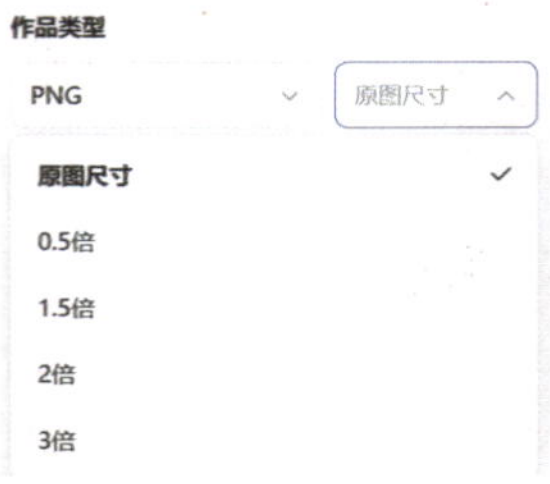

图 12-73　不同尺寸

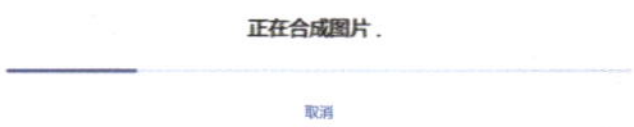

图 12-74　导出进度

图 12-75　导出页

图 12-76　海报效果

12.3

实战演练：春节节日海报设计

12.3.1　AI 背景素材

根据上面所学的知识，我们进一步了解利用 AI 制作海报的工作流程与一些技巧，如图 12-77 所示是本案例的效果图。

图 12-77　海报效果

在堆友的经典生图界面中，切换到“自由模式”，如图 12-78 所示。

选择“点击查看全部模型”按钮，挑选一个合适的底层模型，如图 12-79 所示。

在左侧的参数面板中，选择“XL_3dchunjie 春节中国龙三维风格”模型，这个模型可以做出非常多与春节相关的吉祥物，如图 12-80 所示，点击“使用模型”按钮。

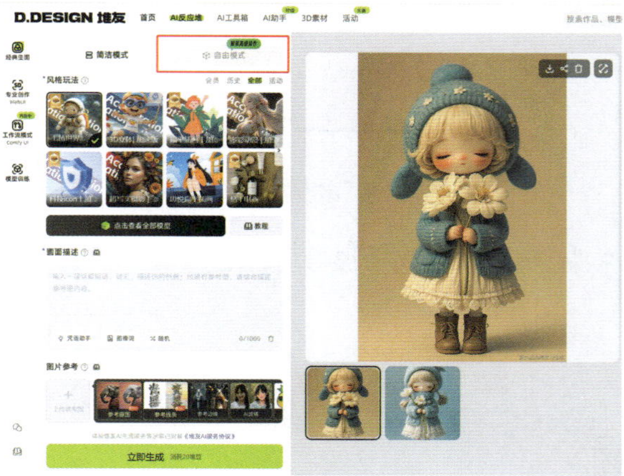

图 12-78　自由模式

图 12-79　底层模型

图 12-80　使用模型

接下来添加增益效果模型，点击“添加增益效果”按钮，如图 12-81 所示。

搜索“SDXL_Sacred_beast 神兽”，选择这个模型，如图 12-82 所示。

点击“加号”按钮，如图 12-83 所示，添加第二个增益效果模型。

图 12-81　添加增益效果

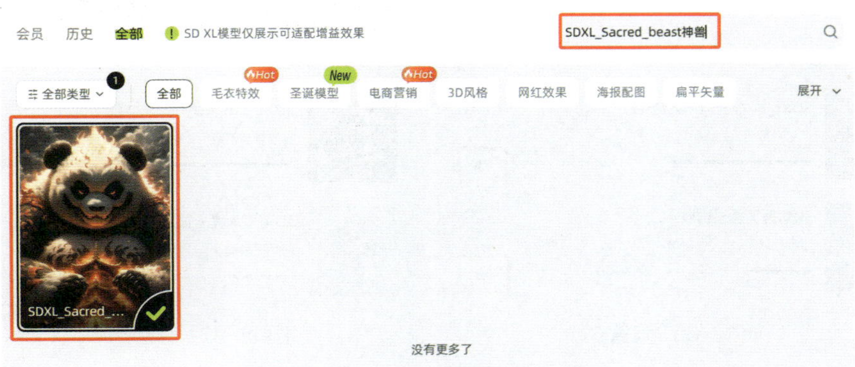

图 12-82　选择模型

图 12-83　再次添加增益效果

搜索“3D 可爱人物装饰版”，并选择该模型，如图 12-84 所示。

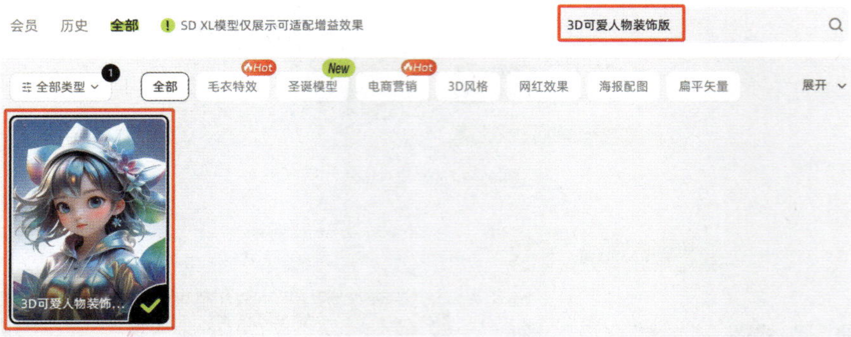

图 12-84　选择增益效果

添加完两个增益效果模型以后，将这两个模型的参考程度数值分别设置为 0.6 与 0.3，如图 12-85 所示。

现在，检查一下底层模型与增益效果模型是否设置正确，如图 12-86 所示。

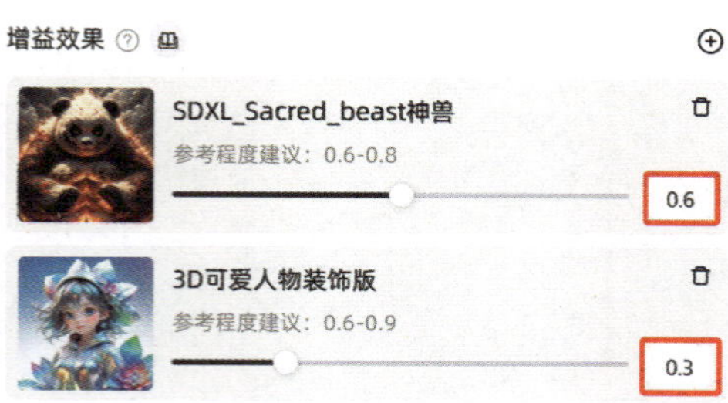

图 12-85　设置参数

图 12-86　查看参数

下面我们来输入正反提示词，也就是堆友中的“画面描述”与“负面描述”，如图 12-87

所示。正向提示词用于描述画面的内容与细节。负向提示词用来描述画面中尽量避免出现的内容。所以两者都是比较重要的，其中，正向提示词是必须填写的，负向提示词根据情况可以选择不填。填写负向提示词会降低画面出错的概率。

AI 一次性可以为我们生成多张图片，如图 12-88 所示。每一张的风格相近，但是内容却不同，如果风格还算比较喜欢，但是找不到满意的图片，可以让 AI 多生成一些内容，供我们挑选。

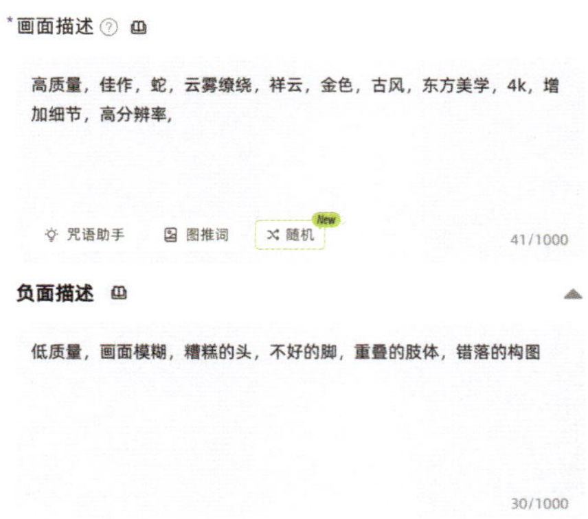

图 12-87　输入提示词

图 12-88　挑选生成结果

堆友目前支持一次性生成 8 张图片，默认是 4 张，如图 12-89 所示。

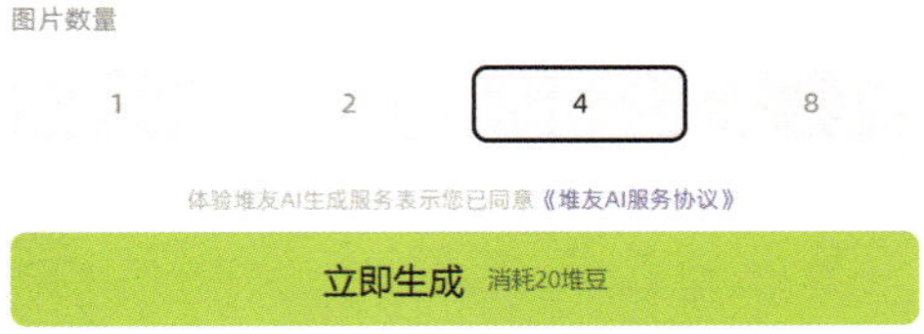

图 12-89　生成图片数量

在下载图片之前，还可以使用右侧工具栏中的“高清放大”功能，点击以后就可以提升当前图片的分辨率，并且不会损伤画质，如图 12-90 所示。

挑选好图片以后，可以点击图片右上角的下载图标，将图片保存到本地，如图 12-91 所示。此时，AI 就完成了海报的背景图片。

图 12-90　高清放大

图 12-91　下载图片

12.3.2 背景图处理

在稿定设计中，点击“创建设计”，选择“手机海报”尺寸，如图 12-92 所示。

(a)

(b)

图 12-92　手机海报

进入工作台，此时是一张没有任何元素的白色画布，如图 12-93 所示。

图 12-93　工作台

我们将刚才生成好的海报元素拖拽到这张海报中，如图 12-94 所示。上传完成后，点击图片上方的“AI”按钮。

在堆友中，我们已经给该图片升级了分辨率，但是还不够大。此时，可以借助稿定的AI，点击“AI 变清晰”，让这张图片进一步升级质量，如图 12-95 所示。

图片质量升级完成以后，将其放大，填充到整个画布中，如图 12-96 所示。

图 12-94　AI 工具

图 12-95　AI 变清晰

图 12-96　放大

在右侧的工具中，选择“美化”工具，如图 12-97 所示。

此时可以给图片进行许多类型的美化，如图 12-98 所示。比如色彩调节、颜色叠加、消除笔等。也可以给图片添加滤镜、标记、文字、边框、元素、水印。在这个案例中，我们仅仅对图片进行色彩调节。

图 12-97　美化

图 12-98　色彩调节

将色彩调节下的参数调整至如图 12-99 所示，主要是为了提升图片的清晰度，并且让图片的色调更加偏向红黄色，看起来更加符合节日的喜庆感。

接下来，我们来学习一下如何去除图片中的水印，如图 12-100 所示，选中图片，点击“AI”按钮，点击“AI 消除”按钮。

框选或者画笔涂抹有水印的地方，点击右下角的“应用”按钮，如图 12-101 所示，此时水印就已被去除。

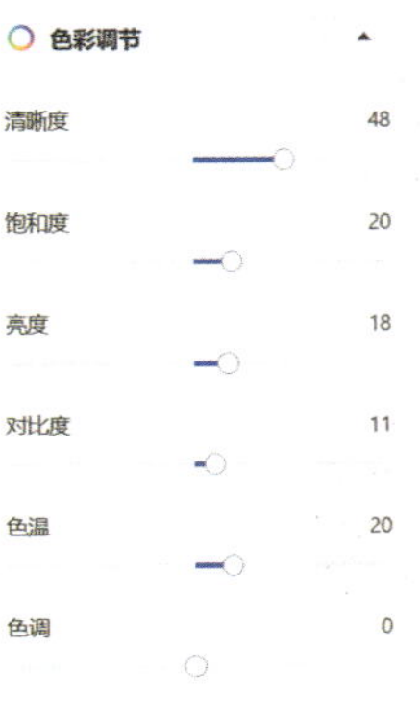

图 12-99　色彩调节参数

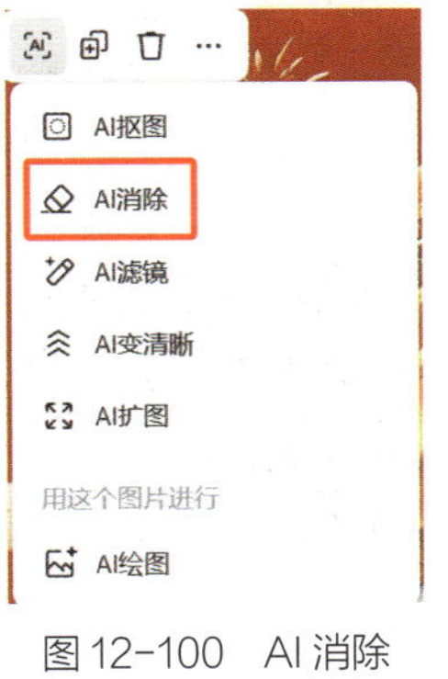

图 12-100　AI 消除

选中这张图片，点击右键，选择“设置为背景”，这样一来，我们就不会再选中到这张图片，并且它永远被置于最底层，如图 12-102 所示。

图 12-101　框选

图 12-102　设为背景

在右侧的画板中，可以看到“背景图”中就有了这张图片，如图 12-103所示，在这里可以删除、替换、镜像背景图。

将鼠标悬浮在背景图的上方，会出现“上传图片”和“背景库”两个按钮，如图 12-104 所示。我们可以根据自身需求，随时对背景图进行修改或替换。

在背景库中，稿定内置了非常多的背景，如图 12-105 所示，只需要点击图片按钮，即可替换背景。

图 12-103　背景图

图 12-104　替换背景

图 12-105　背景图库

12.3.3　海报设计

默认状态下在左侧面板中，选择的是“模版”选项卡，如图 12-106 所示。

点击左下角的“图层”按钮，如图 12-107 所示，查看一下当前这个文件有多少个图层。

在左侧可以看到当前只有一个背景图层，如图 12-108 所示。

切换到“画板”面板，如图 12-109 所示。当前的画板只有一个。

图 12-106　模板

图 12-107　切换图层模式

图 12-108　背景

图 12-109　选择画板

首先来了解一下图层的概念，如图 12-110 所示，左侧是该设计的所有图层，右侧则是设计的结果。左侧每一个元素和右侧的内容是一一对应的。

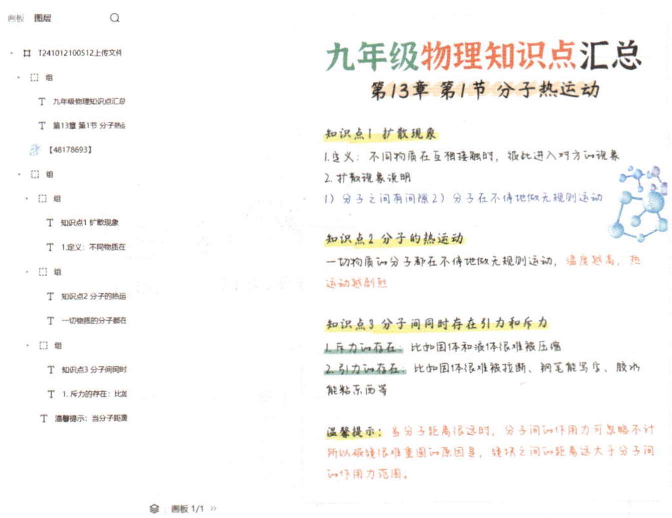

图 12-110　左侧详细图层

比如，在左侧选中一个图层，右侧的大标题也会被选上，如图 12-111 所示。同理，在右侧选中这个大标题，左侧的该图层也会被选中。

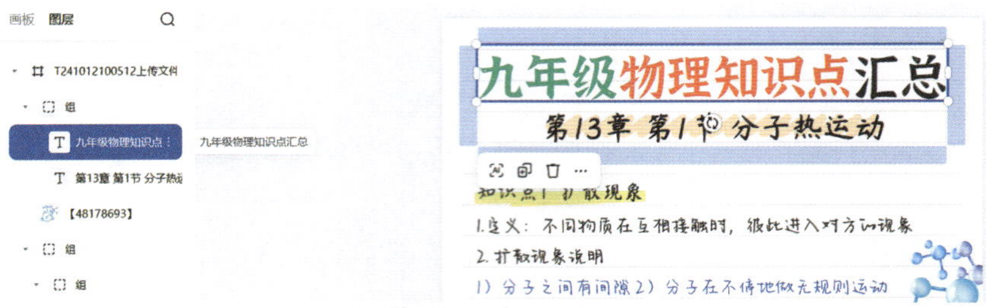

图 12-111　选中图层

若干图层在一起可以进行分组处理，如图 12-112 所示。比如下方的若干图层，为了方便统一移动调整位置，就可以将其组合在一起。在右侧选择的时候，也会一次性选中该组的所有元素，并在左侧图层中进行标记。

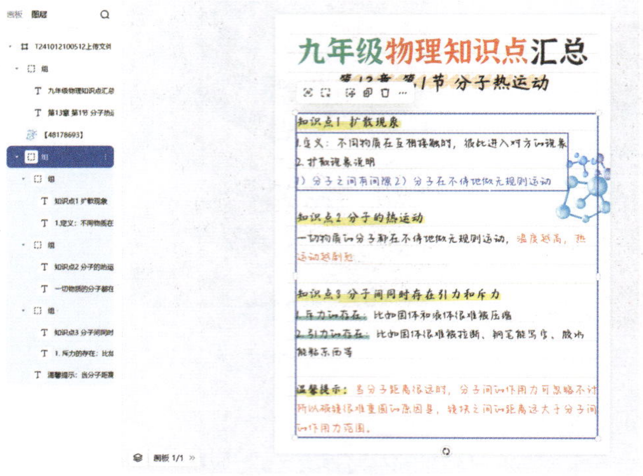

图 12-112　选中一个组

我们再来讲解一下图层的常用种类，如图 12-113 所示，就包含了比较多样的图层。

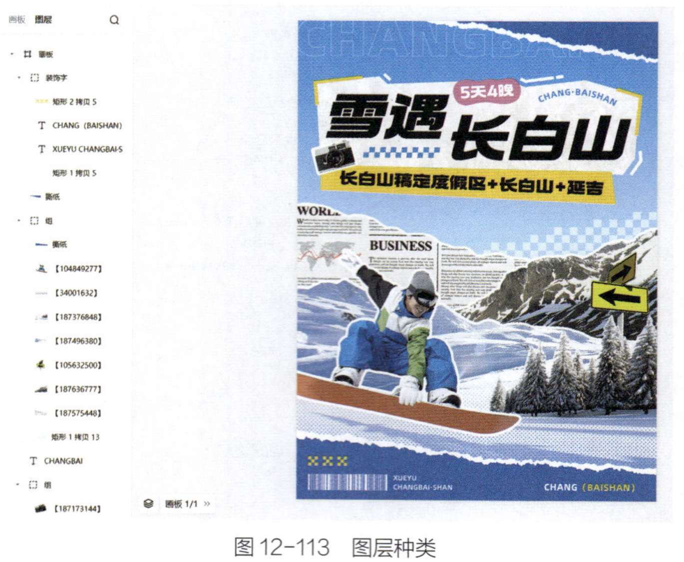

图 12-113　图层种类

与文字相关的图层一般是文字图层，这类图层可以在右侧属性面板中调整与文字相关的属性，比如字体、字号、字型、文字色等，如图 12-114 所示。

图 12-114　右侧属性面板

还有一种元素，在稿定中称之为“图形”，如图 12-115 所示。选择以后，在右侧的属性面板中，可以调节它的颜色、不透明度等参数。

图 12-115　图形

如果使用的是图片，则会是图片图层，如图 12-116 所示。右侧的属性面板中可以替换该图片，也可以对这张图片进行图片编辑，比如说裁剪、AI 抠图、调色、滤镜等。

图 12-116　图片图层

下面介绍画板，在一个普通的海报设计中，一般只有一个画板，如图 12-117 所示。但是如果要调用其他海报元素的话，就推荐使用画板功能。

点击加号按钮就可以创建一个新的画板，如图 12-118 所示。

选择“模板”选项卡，如图 12-119 所示。点击一个设计稿，系统立刻就可以将这张设计稿放入新建的空白画布中。

图 12-117　画板

图 12-118　添加画板

图 12-119　选择模板

切换到刚才的画布就能查看到，如图 12-120 所示。

选中这个标题组，按键盘的 Ctrl+C 复制快捷键，如图 12-121 所示。

图 12-120　添加画板

图 12-121　复制内容

再切换回之前的画布，按下 Ctrl+V 粘贴内容，如图 12-122 所示，就可以将刚才的内容调用过来。

同理，我们可以新建若干张画板作为素材库，如图 12-123 所示，随时可以调用合适的素材。

图 12-122　粘贴内容

图 12-123　新建画板

除了制作海报的时候使用画板功能以外，H5 网页模板也会用到该功能，如图 12-124 所示。在默认情况下，一般的 H5 网页模板都会大于一张画板。

图 12-124　H5 网页模式

还有一个比较常见的应用场景，就是 PPT 模板，稿定也是能制作 PPT 的，如图 12-125 所示。PPT 页面一般也拥有非常多的画板。

图 12-125　PPT 模板

下面我们继续进行此案例的设计，切换到“画板”面板，点击画板右侧的加号按钮，添加一个画板，如图 12-126 所示。

此时设计稿中会有两个画板，新建的画板为空，如图 12-127 所示。这一张新建的画板我们用来临时存放素材，方便随时调用。

在模板选项卡中，挑选一张海报，填充到刚才新建的画板之中，如图 12-128 所示。

图 12-126　添加画板

图 12-127　空白画板

图 12-128　选择模板

这个海报的名称与相关属性如图 12-129 所示。

点击下方的“画板”按钮，查看画板当前的状态，如图 12-130 所示。

图 12-129　海报名称与属性

可以看到刚才的内容已经被填充到了新的画板之中，如图 12-131所示。

图 12-130　切换到画板模式

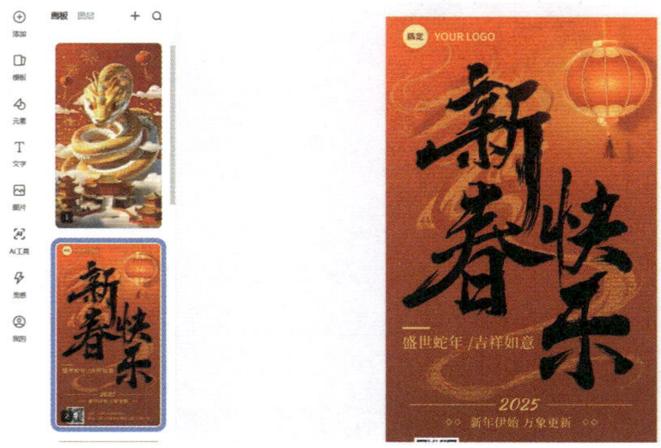

图 12-131　填充画板

选中海报中的几个标题文字，将其复制，如图 12-132 所示。

切换到之前的画板中，将文字粘贴过来，如图 12-133 所示。

将文字后面的龙复制，如图 12-134 所示。

粘贴到海报的画板之中，如图 12-135 所示，将这两个元素移动到下方位置。

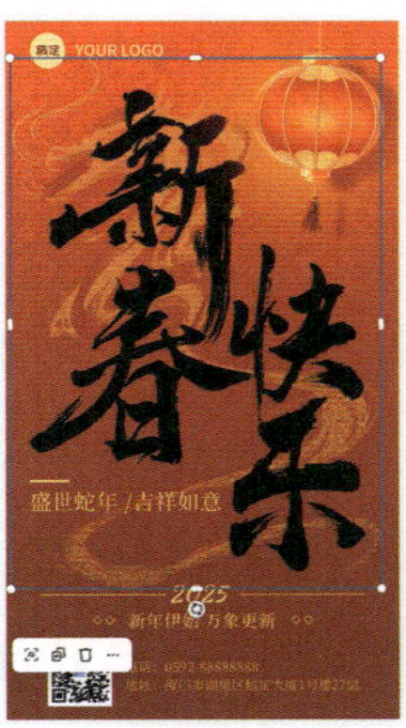

图 12-132　复制元素

图 12-133　粘贴元素

图 12-134　复制元素

图 12-135　粘贴元素

选中这个龙形的元素，点击右键，选择“图层顺序”，再选择“移到底层”，如图 12-136 所示。

这样一张海报就完成了，如图 12-137 所示。接下来，我们还可以给海报添加更多的元素，让其内容更为丰富。

图 12-136　移动到底层

图 12-137　调整位置

我们将灯笼元素复制，如图 12-138 所示。

再粘贴到右上方，如图 12-139 所示，值得注意的是，这个灯笼并不是一个简单的图片元素，而是一个带有左右飘荡效果的动画元素。

图 12-138　复制元素

图 12-139　粘贴元素

下面我们来进一步介绍右侧的对象属性。这个文字是已经合并为一组的，需要注意选中某一个文字，才能对其添加相应的效果。如图 12-140 所示，选中“新”这个文字，在右侧的属性栏中，点击“特效”按钮，选择“发光”选项卡，再选择红色的底色效果，让这个文字看起来有一种散发红色喜庆的感觉。

图 12-140　添加特效

剩下的四个文字都需要同样的操作方式，这里就不再赘述。设置完成以后，点击右键，选择“锁定”，如图 12-141 所示。这样我们就不会再选中这个图层。

锁定后的对象右下角会有一个门锁图标，点击即可解锁，如图 12-142 所示。

图 12-141　锁定图层

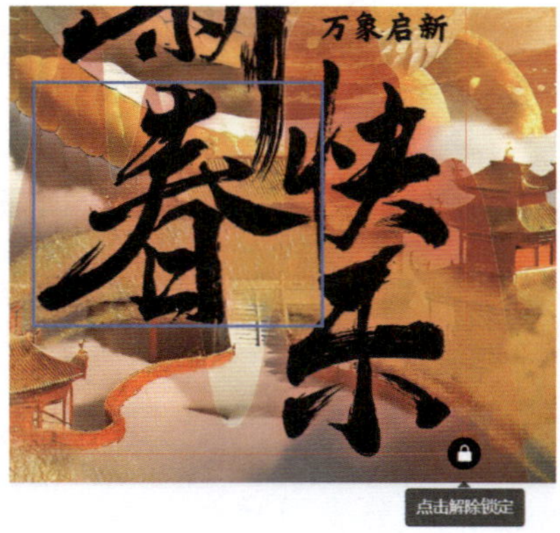

图 12-142　锁定内容

在图层面板中对应的图层中也会看到一个门锁图标，如图 12-143 所示，点击右键，可以解锁。

接下来，添加一张新的海报模板，作为元素，如图 12-144 所示。

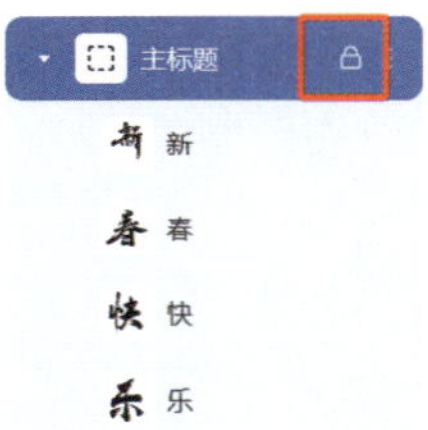

图 12-143　图层锁定图标

图 12-144　选择模板

在画板面板中，选中这个金色的蛇形烫金元素，如图 12-145 所示。选择复制命令。将其粘贴到海报之中，如图 12-146 所示。

图 12-145　添加画板

图 12-146　粘贴元素

点击右键，将其移动到底层，如图 12-147 所示，让这个元素不要遮挡重要的内容。下面我们需要调整这个烫金元素的位置，如图 12-148 所示，放大它的尺寸。

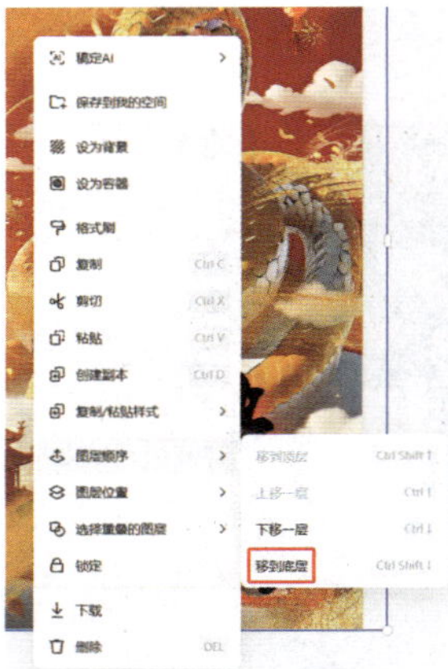

图 12-147　移到底层

图 12-148　调整位置与大小

在右侧，点击“镜像”按钮，如图 12-149 所示，让它产生镜像效果。

图 12-149　镜像效果

在左侧的菜单栏中，选择“文字”选项卡，如图 12-150 所示。选中“标题”，此时画布中会出现一个黑色的文本框，双击文本框可以编辑这个标题。

图 12-150　添加标题文本框

将这个文本框改为如图 12-151 所示的内容。

图 12-151　输入内容

在右侧修改这个文本的属性，字体设置为“三极榜书简体”，字号设置为 62，如图 12-152 所示。再将这个文字移动到大标题的右上方，作为一个副标题。

切换到图层面板，来检查一下当前的图层，以及所有的画板，如图 12-153 所示。当前一共有 5 个画板，主画板名称为“背景”。

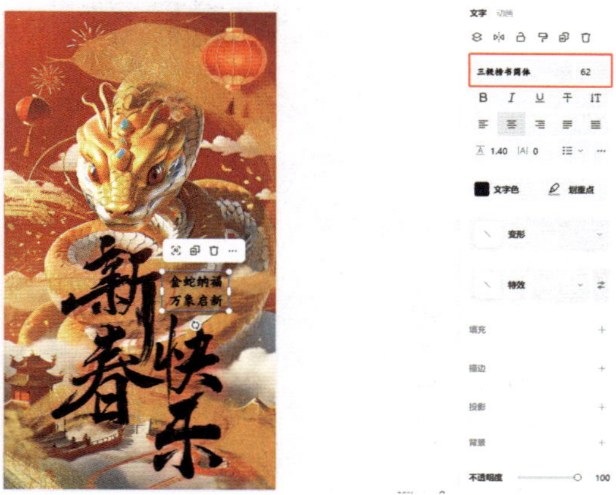

图 12-152　修改文字属性

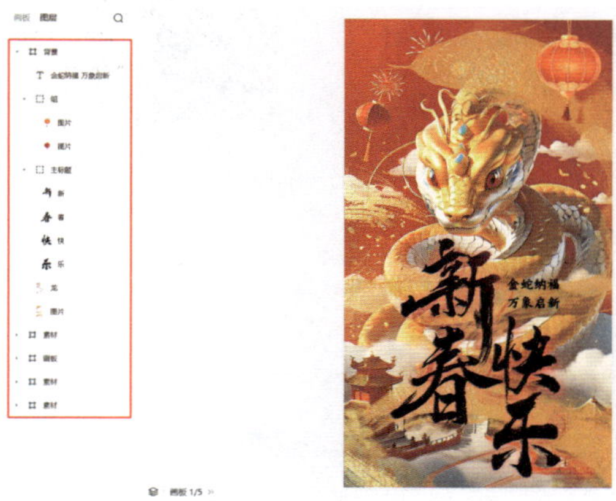

图 12-153　检查图层及画板

点击“背景”画板左侧的三角符号，隐藏其元素，如图 12-154 所示，就可以看到其他所有的画板。

我们在下方的画板缩略图中也能查看到当前画板，点击右侧的加号按钮，可以新建画板，如图 12-155 所示。

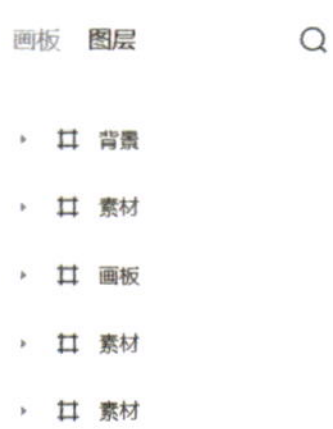

图 12-154　查看当前所有画板

图 12-155　查看画板预览图

展开“背景”画板，可以看到该画板中的所有图层，如图 12-156 所示。这里进一步展示了画板与图层的关系，图层包含在每一个画板之中。

将一个图层锁定以后，图层右侧会有门锁图标，如图 12-157 所示，与之对应的是在视图编辑窗口中也会有一个门锁图标。

门锁图标旁，有一个设置的三点按钮，点击以后会弹出一个窗口，这相当于点击右键的操作，如图 12-158 所示。

在操作视图窗口中，点击右键，同样也会有类似的弹窗页面，如图 12-159 所示。

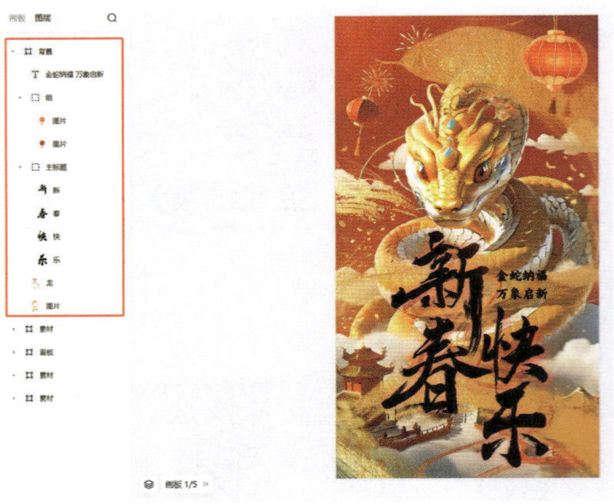

图 12-156　画板中的图层

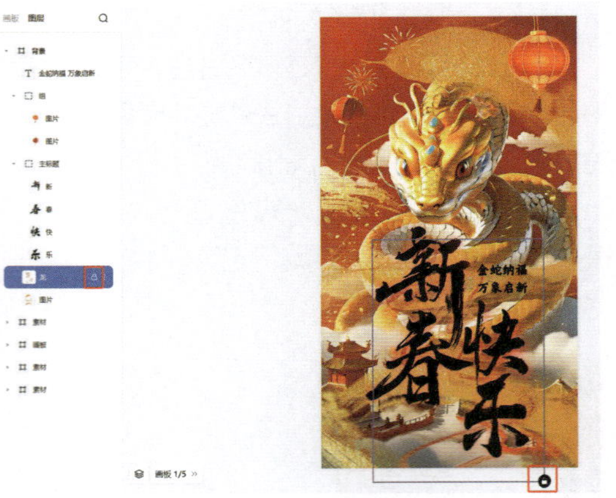

图 12-157　锁定图层

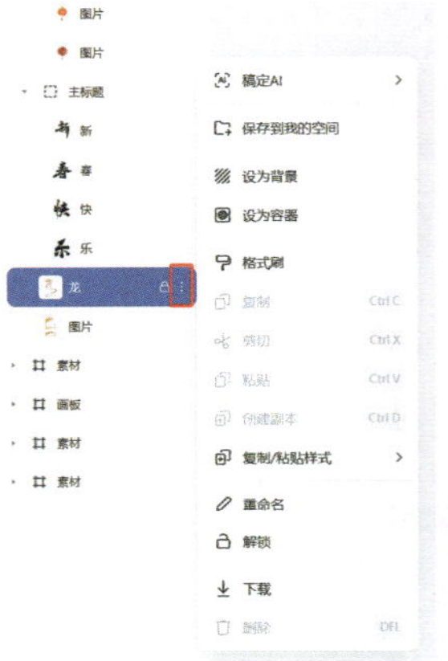

图 12-158　图层设置

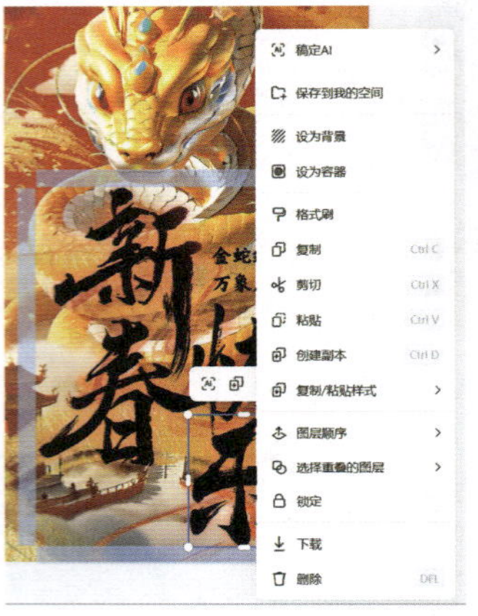

图 12-159　图层设置

关于元素“成组”和“拆分组”。默认状态下，元素图层都是一个一个分开的，如图 12-160 所示。我们可以将若干图层选中，点击右键或键盘快捷键 Ctrl+G，即可将它们成组。这样，就可以一次性选中组内所有的元素，方便移动、旋转、缩放和锁定等操作。

拆分组的方式也很简单，选中一个成组的图层，点击右键，在弹窗中选中“拆分组”，键盘快捷键是 Ctrl+Shift+G，如图 12-161 所示。

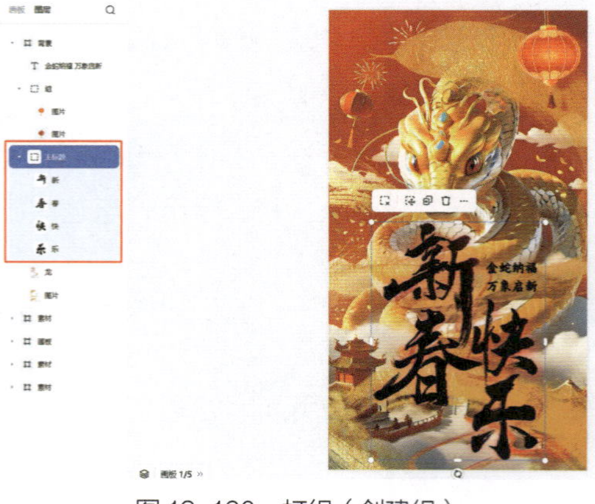

图 12-160　打组（创建组）

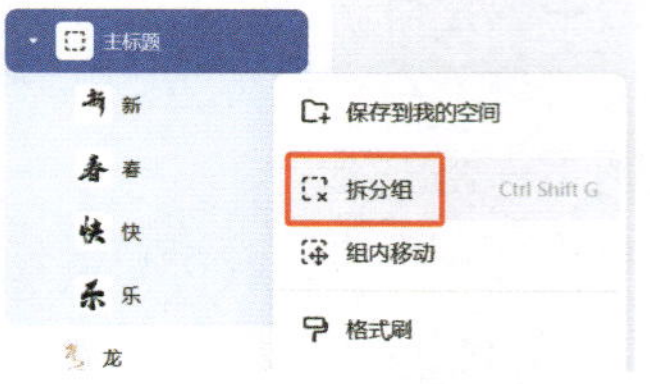

图 12-161　拆分组（一）

被拆分的组内的图层，会释放出来，如图 12-162 所示。

视图窗口的左下角，是图层与画板的快捷方式，如图 12-163 所示。在画板按钮的右侧，会有一个画板的显示位置方式。当前的画板显示在左下方，缩略图较小，但是能看到更多数量的画板。如果点击图 12-163 中方框中的图标，画板则会被显示在左侧。

画板被显示在左侧的时候，预览画面会更大，但是显示数量会减少，如图 12-164 所示。大家可以根据自身情况，切换不同的显示模式。

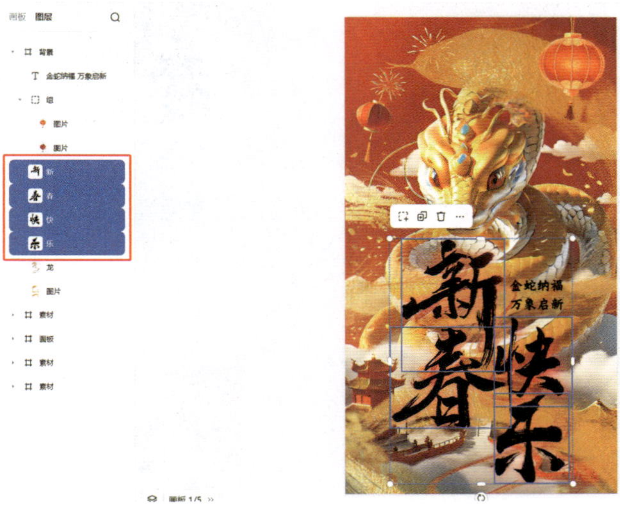

图 12-162　拆分组（二）

图 12-163　切换预览模式

图 12-164　大图预览

下面，我们再添加一张海报，如图 12-165 所示。从中挑选一些合适的元素，放入海报之中。

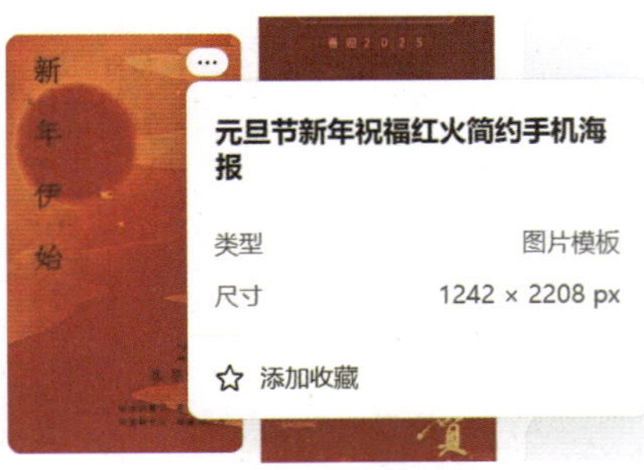

图 12-165　添加海报

添加好新的画板以后就可以选择一些元素放入我们的目标画板中了，如图 12-166 所示。

选择并且复制右侧的背景，如图 12-167所示。

将其粘贴到海报中，如图 12-168 所示。

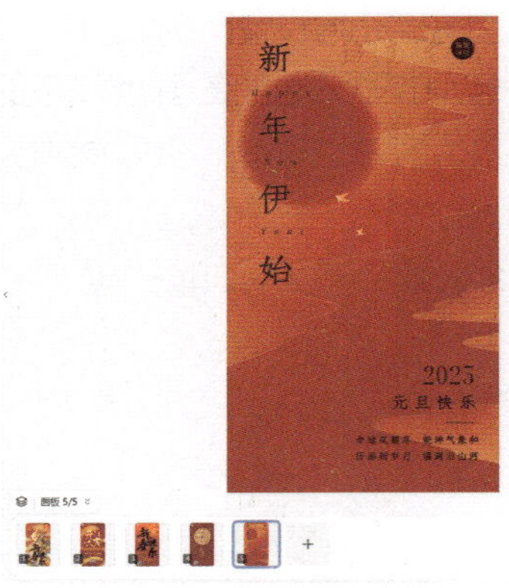

图 12-166　添加海报

图 12-167　复制元素

图 12-168　粘贴元素

这一次我们在左侧的图层面板中，将这个图层元素拖拽到最底部，就相当于将其置于底层，如图 12-169 所示，然后再移动并且旋转这个图层。

逆时针旋转 90 度，如图 12-170 所示。

图 12-169　调整元素

图 12-170　旋转

将文字背景复制到海报之中，如图 12-171 所示。

移动到适当的位置，如图 12-172 所示。

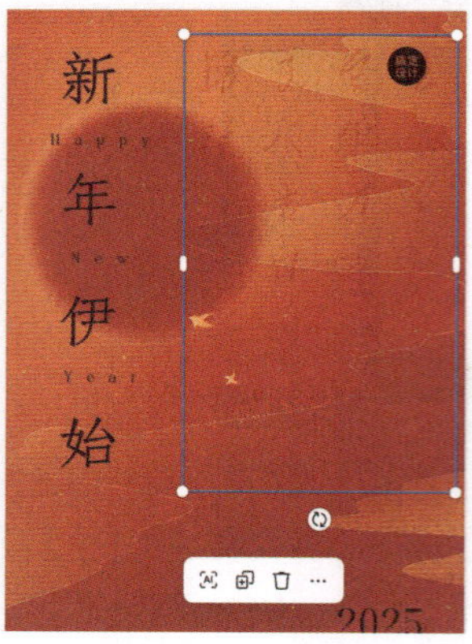

图 12-171　复制元素

图 12-172　粘贴元素

再将这个图层移动到比较下层的位置，并且锁定这个图层，如图 12-173 所示。

由于现在元素比较多，我们选中“龙”图层，将其删除，如图 12-174 所示。

图 12-173　锁定内容

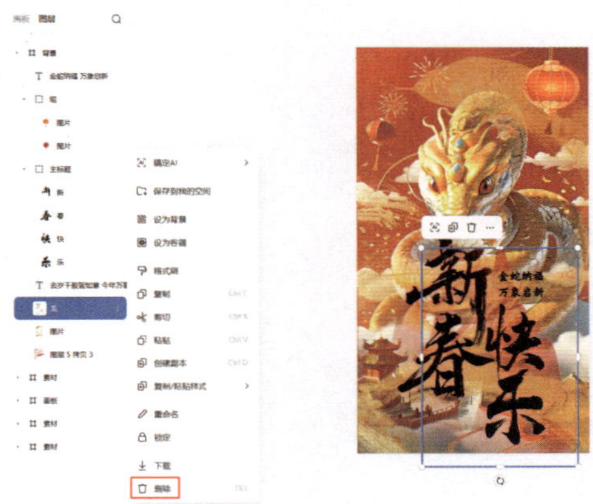

图 12-174　删除元素

在不选中任何图层和元素的情况下，右侧会显示画板的属性，将“背景图”镜像，如图 12-175 所示。

为了更好地观察元素内容，我们可以在右侧的属性面板中，将背景的不透明度设置为 0，查看整体的元素效果，查看完后再调回到 100，如图 12-176 所示。

图 12-175　背景图

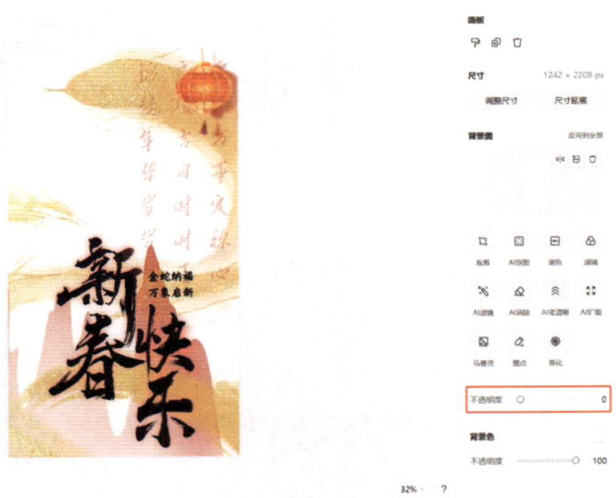

图 12-176　背景不透明度调为 0

12.3.4　导出流程

在画板的属性面板中，可以调节画板的尺寸，点击“调整尺寸”按钮，如图 12-177 所示。

在右侧设置海报的尺寸，这里有一个“元素智能适配”按钮，需要勾选上，系统在裁切各种尺寸的时候，也会尽可能保证海报的完整性和美观性。在下方预设了非常多系统推荐的尺寸，比如手机海报、横版海报、小红书配图、公众号首图等等。点击“小红书配图”，此时海报的分辨率就会被更改，如图 12-178 所示。

点击“公众号次图”，系统会自动裁切海报，如图 12-179 所示。

图 12-177　调整尺寸

图 12-178　小红书配图

图 12-179　公众号次图

除了刚才的尺寸模板，还可以使用自定义尺寸进行裁切，如图 12-180 所示，当前是 1242×2208px 的分辨率，px 是像素。

除了以像素为单位，还有厘米、毫米等单位可供选择，如图 12-181 所示。

在稿定设计中，系统预设了大量的常用尺寸，方便我们直接使用，如图 12-182 所示。

也可以在上方的搜索栏中，通过搜索的方式寻找相关尺寸，如图 12-183 所示。

在“调整尺寸”的右侧，有一个“尺寸延展”的按钮，如图 12-184 所示。

这个功能是可以同时创建多个不同尺寸的海报，如图 12-185 所示。比如，勾选下方的“横版海报”与“小红书配图”，再点击下方的“生成 2 个延展画面”。

图 12-180　自定义尺寸

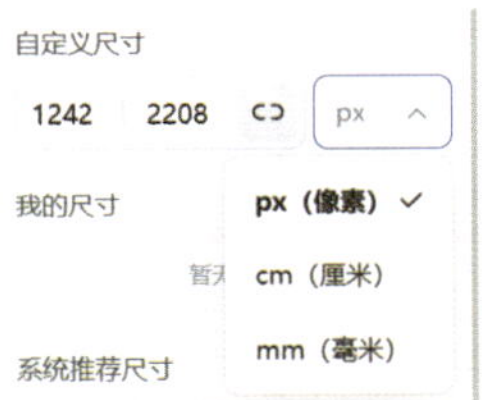

图 12-181　尺寸单位

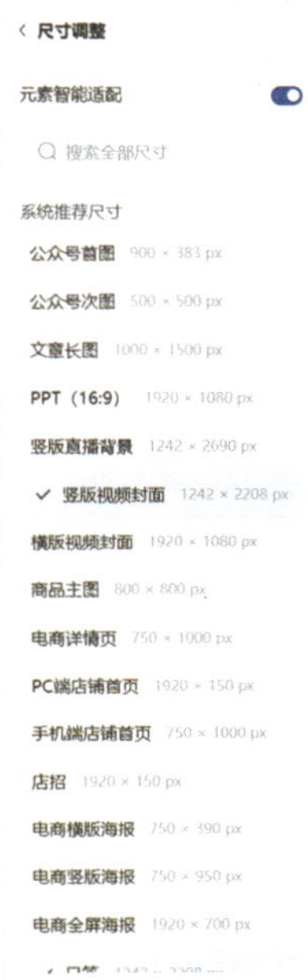

图 12-182　常用尺寸

图 12-183　搜索

图 12-184　尺寸延展

图 12-185　创建不同尺寸的海报

此时，可以在画板中查看到，刚才系统自动裁切好的横版海报和小红书配图，如图 12-186 所示。

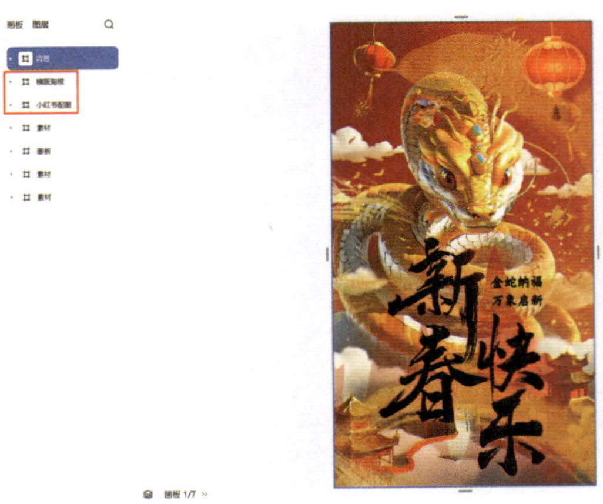

图 12-186　自动裁切

点击右上方的“下载”按钮，即可导出图片，如图 12-187 所示。由于海报中含有动态图像，所以这里默认保存的格式是 GIF 动图。

点击“作品类型”下方的格式，选中 PNG 格式，如图 12-188 所示，我们还可以根据自身需求选择 JPG、PDF、PPT 等不同格式。

当前有 7 个画板，默认状态下是全部导出的，但是也可以选择需要导出的画板，选择下方的“确认”按钮即可，如图 12-189 所示。

也可以点击右侧的“当前画板”按钮，如图 12-190 所示，点击下方的“下载”按钮。

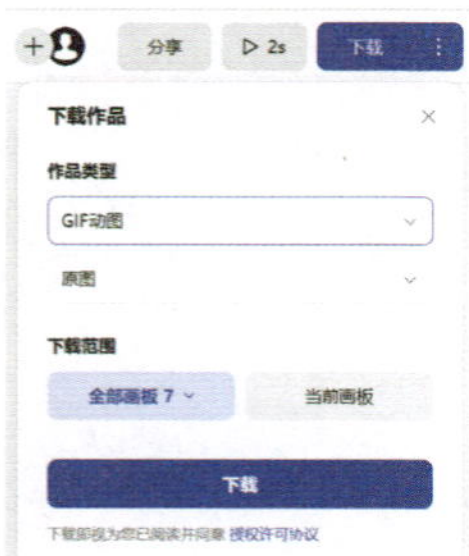

图 12-187　导出图片

图 12-188　修改格式

图 12-189　导出画板

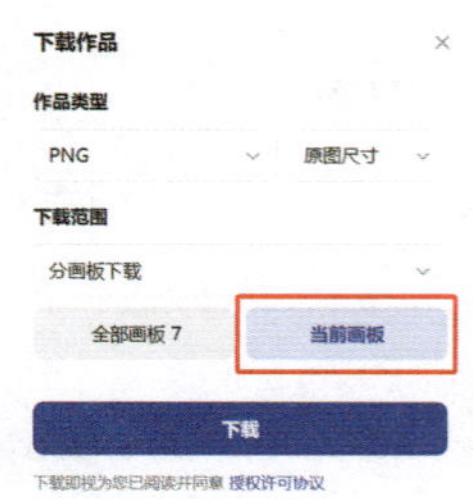

图 12-190　下载

等待短暂的合成与制作时间，如图 12-191 所示。

图 12-191　合成中

系统将会弹出一个本地窗口，选中海报保存的位置以及修改名称，如图 12-192 所示，点击下方“保存”按钮。

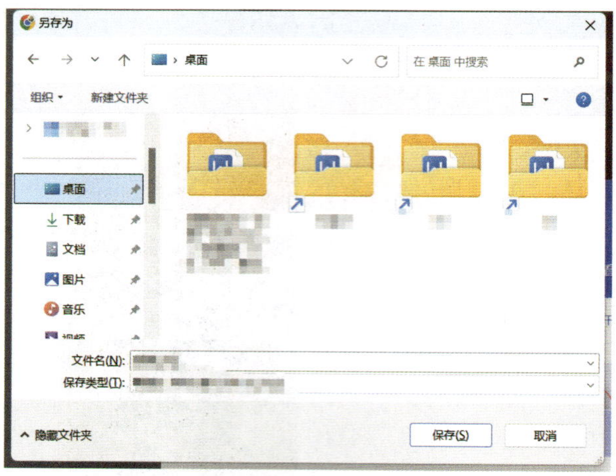

图 12-192　选择本地路径

此时，海报已保存到本地，如图 12-193 所示。

图 12-193　导出成功

我们来查看一下 AI 生成的背景素材（左）与海报的最终效果（右），如图 12-194 所示。

图 12-194　素材与海报效果对比

第 13 章 电商营销海报设计

13.1 营销海报的视觉传达要点

（1）视觉传达在营销海报中的重要性

在数字营销中，海报作为一种视觉传达工具，扮演着吸引目标受众和传递信息的关键角色。一个精心设计的海报能够迅速抓住观众的眼球，并通过其视觉元素传达核心信息。为了实现这一目标，设计师需要考虑多个视觉传达要点。首先，海报应围绕一个明确的主题或目的进行设计，这有助于集中信息并引导设计方向。其次，海报需要一个视觉焦点，这个焦点通常是最能代表产品或活动的形象的，通过使用高对比度的颜色、大尺寸的文字或独特的图形来吸引注意力。最后，信息的传递必须简洁明了，避免冗长的文字和复杂的布局，确保关键信息如日期、地点、价格等清晰可见，易于阅读。

（2）色彩、字体与布局的协调

色彩在海报设计中起着至关重要的作用，它能够激发情感反应并强化品牌形象。设计师应选择与品牌和主题相符的颜色，并利用高对比度的色彩组合来突出重要元素。字体选择也不容忽视，它应易读且与海报风格相匹配，通常不超过两到三种字体以保持一致性。标题和副标题使用较大的字号，而正文则使用较小但清晰的字号。在构图和布局方面，合理的元素排列能够确保整体布局的平衡和谐，而网格系统的使用则有助于创建有序的布局，提升海报的专业感。

（3）视觉层次与品牌一致性

创建视觉层次是引导观众视线的重要手段，通过大小、颜色、位置等因素的运用，可以引导观众从最重要的信息逐步转移到次要信息。重要的信息应放在显眼的位置，而次要信息则适当后置。此外，品牌一致性是增强品牌识别度和可信度的关键，海报的设计与品牌形象应保持一致，包括标志、色彩、字体等元素。这不仅有助于加强品牌印象，还能在消费者心中建立起品牌的专业形象。

（4）创意与独特性的重要性

在遵循基本设计原则的同时，加入创意元素可以使海报更具吸引力和记忆点。设计师可以使用比喻或引人入胜的故事来增加海报的趣味性，这样的创意不仅能够吸引观众的注意，还能在他们心中留下深刻的印象。独特性是使海报在众多竞争中脱颖而出的关键，它要求设计师在遵循设计原则的基础上，发挥创造力，打造出与众不同的作品。

（5）测试与反馈的循环

在海报设计过程中，测试和反馈是不可或缺的环节。在最终定稿前，设计师应向目标受众展示初稿，收集反馈并进行必要的调整。这一过程有助于确保海报在不同媒介（如打印、数字屏幕）上都能保持良好的视觉效果，并能够真正达到吸引目标受众的目的。通过不断地测试和优化，海报能够更加精准地传达信息，实现其营销目标。

13.2

实战演练：AI 效果图与版式设计

13.2.1　美妆品效果图与商品图版式设计

本案例将生成两个不同的效果图，并对它们分别按照电商详情页主图的要求进行版式设计，如图 13-1 所示为案例效果。

（1）方案 1

切换到堆友经典生图的“自由模式”，如图 13-2 所示。

图 13-1　海报效果

图 13-2　自由模式

选择“SDXL 通用版”底层模型，如图 13-3 所示。

图 13-3　选择底层模型

增益效果模型，选择“冬季主题”，如图 13-4 所示。

在提示词文本框中输入英文提示词，如图 13-5 所示。对应的中文是：

一个滴管瓶的特写镜头，滴管上有一个白色的盖子。标签上还有蓝色的字母，瓶子上有雪。画面右侧有一个松果。背景是模糊的。

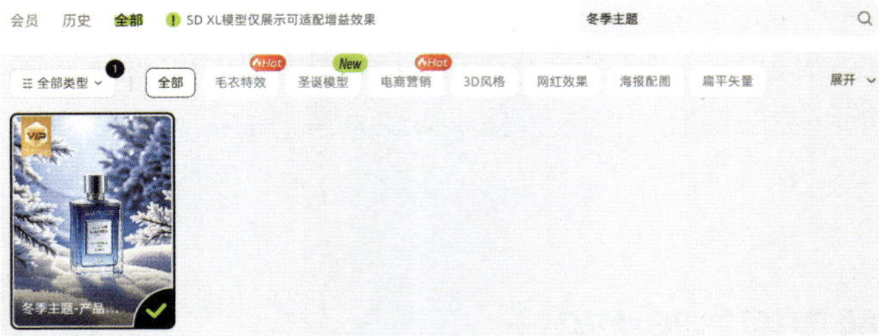

图 13-4　冬季主题

参数设置完成以后，点击“立即生成”按钮，如图 13-6 所示。

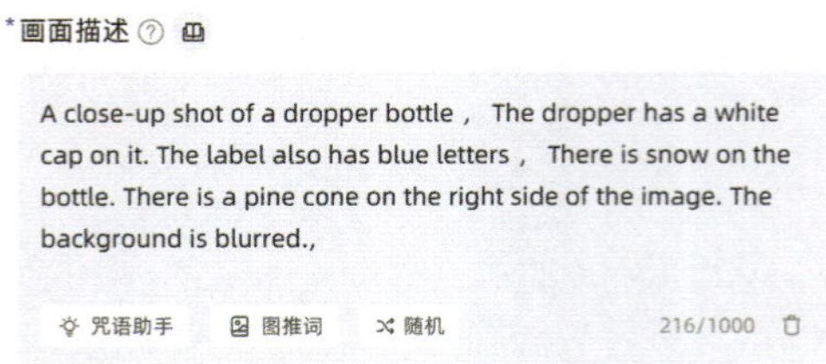

图 13-5　填写提示词

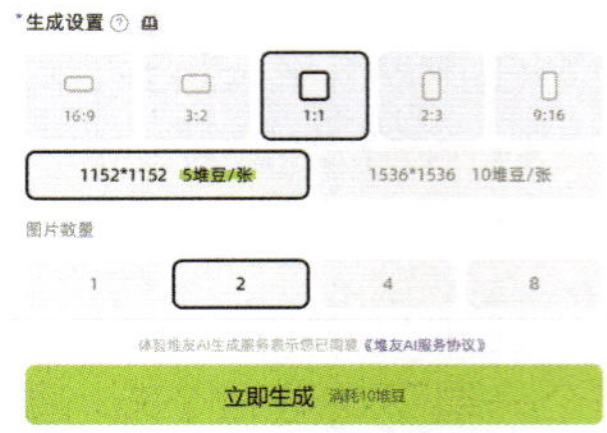

图 13-6　生成图片

生成结果如图 13-7 所示。

图 13-7　下载图片

我们选中其中的一张对它进行版式设计，如图 13-8 所示，仅仅只添加文字，即可达到宣传效果。

首先，添加文本，文案如图 13-9 所示。

图 13-8　整体效果

图 13-9　添加文本框，修改文案

在左侧的属性面板中，修改字体、字号，如图 13-10 所示。

右下方的文字也需要添加，修改好文案以后，也需要修改其字体字号，如图 13-11 所示。

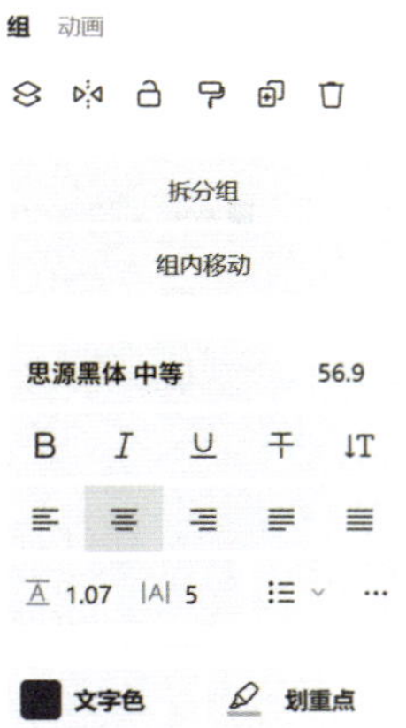

图 13-10　修改字体字号

图 13-11　修改文案和字体字号

排版之后的效果，如图 13-12 所示。

（2）方案 2

下面我们再来制作一个商品主图，如图 13-13 所示。这张图是刚才生成好的，我们接下来给它添加一些文字信息。

图 13-12　排版完成

图 13-13　方案 2

下面是已经添加好的效果，左侧是相应的图层，如图 13-14 所示。

图 13-14　效果预览

主标题的字体用的是思源宋体，如图 13-15 所示。

图 13-15　切换字体

标题是由文字图层和若干的形状元素组成的，如图 13-16 所示，最后合并在一个组之中。

图 13-16　合并组

在左侧的“元素”选项卡中，搜索需要的元素，点击即可添加到海报之中，如图 13-17 所示。

比如，我们选择“星星”，将其添加到海报之中，如图 13-18 所示。

图 13-17　元素

图 13-18　选择星星元素

点击右侧属性面板中的“填充”加号按钮，如图 13-19 所示。

图 13-19　添加到画面

再点击色板图标，如图 13-20 所示。

选择左上角的纯白颜色，将下方的不透明度设置为 100%，如图 13-21 所示。

此时，这个星星的颜色就变成了纯白色，如图 13-22 所示。

图 13-20　添加填充效果

图 13-21　更改颜色

图 13-22　设置为纯白色

将其缩小，放到标题的右侧，如图 13-23 所示，就可以作为一个装饰，点缀标题。

这张商品主体的最终效果如图 13-24 所示。

图 13-23　缩小调整

图 13-24　商品效果图

13.2.2　手提包效果图与商品主图海报

接下来，我们生成一个特殊材质的手提包，如图 13-25 所示，在“简洁模式”下，选中“暗调背景”模型，输入

图 13-25　简洁模式

提示词，生成图片。

生成结果如图 13-26 所示。下面我们对它们进行版式设计处理。

图 13-26　AI 生成素材

（1）方案 1

本方案效果如图 13-27 所示。

在模板选项卡中，找到“电商茶叶营销详情页”，将其添加到画板之中，如图 13-28 所示。

图 13-27　海报效果

图 13-28　选择模板

删除多余的画板，如图 13-29 所示。

再找到“中国风家具柜子详情页”，如图 13-30 所示。

图 13-29　删除多余画板

图 13-30　详情页

点击“添加为新画板”按钮，如图 13-31 所示。

图 13-31　添加画板

此时，画板中就有两个海报，如图 13-32 所示，我们的海报案例，就基于这两个详情页的主图来入手。

将之前的图片拖曳导入画板之中，如图 13-33 所示。

把图片移动到底层，如图 13-34 所示。

图 13-32　画板

图 13-33　导入素材

图 13-34　移动到底层

在右侧的属性面板中，选择“AI 扩图”按钮，如图 13-35 所示。

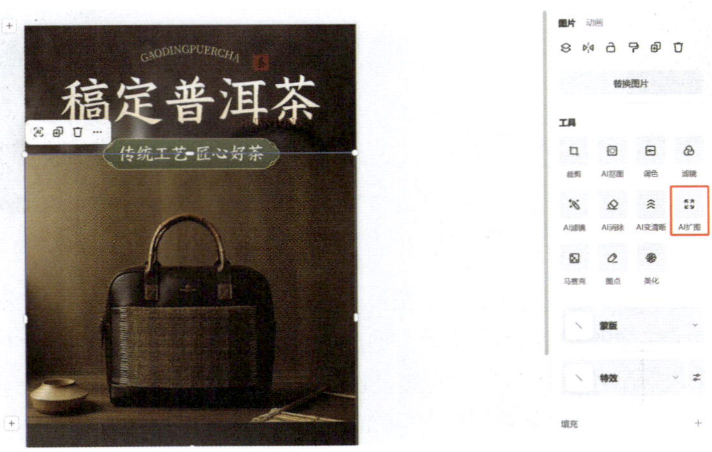

图 13-35　AI 扩图

向上自由拖曳边框，点击右下方的“开始扩图”按钮，如图 13-36 所示。

图 13-36　扩图

等待 AI 处理一段时间，如图 13-37 所示。

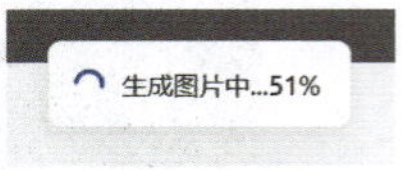

图 13-37　等待

此时得到了一张背景较为纯净的长比例的图片，如图 13-38 所示，上方就比较适合放入标题等信息。点击右下方的“应用”按钮。

此时，这张图就可以作为背景图了，如图 13-39 所示。

图 13-38　扩图完成

图 13-39　背景图制作完成

点击右键，在弹窗中选中“锁定”按钮，如图 13-40 所示。下面我们来修改文案。

可以使用 Kimi 这样的对话式 AI 助手，提出具体的需求以后，让它来帮助我们构思文案，如图 13-41 所示。Kimi 给出了若干个方案，选中其中之一，替换当前的标题。

我们将标题部分的文字内容修改，如图 13-42 所示。

右下方的这个文字设置为“三极拙楷简体”，如图 13-43 所示。

图 13-40　锁定图层

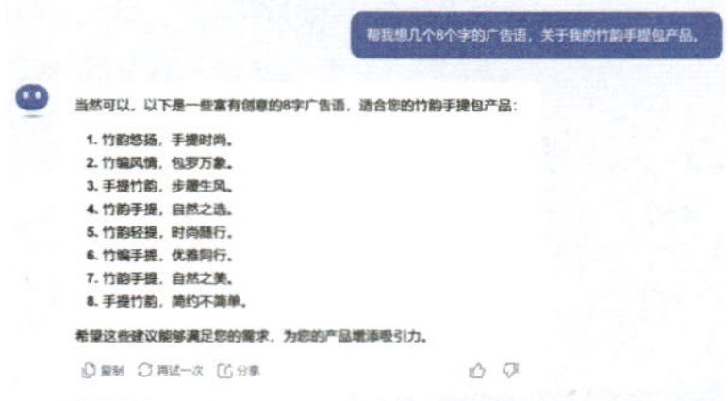

图 13-41　AI 书写文案

图 13-42　复制文案

这样就完成了电商详情页主图，如图 13-44 所示。

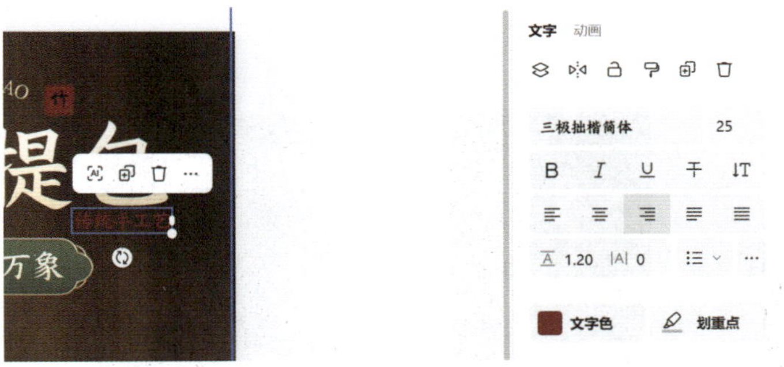

图 13-43　选择字体

图 13-44　海报效果

（2）方案 2

本方案效果如图 13-45 所示。

下面我们来使用第二个模板来制作海报，如图 13-46 所示。在制作之前，大家可以尝试构思一下设计思路。

将之前已经被AI扩图的素材图复制到这个设计中，然后将其置于底层，如图13-47所示。

图 13-45　方案 2 效果

图 13-46　选择模板

图 13-47　置于底层

在不选择任何对象的情况下，右侧的画板属性栏中，选择“调整尺寸”，将其设置为“790×1900px”，如图13-48所示。

完成以后，如图13-49所示。

锁定这张背景图，如图13-50所示。

框选所有的标题元素，如图13-51所示。

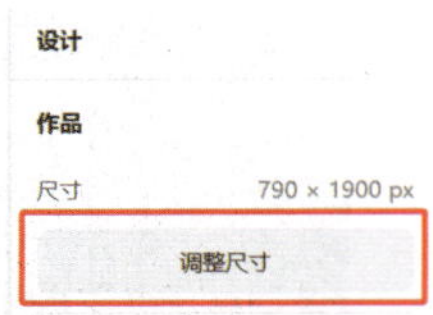

图13-48　调整尺寸

图13-49　完成效果

图13-50　锁定

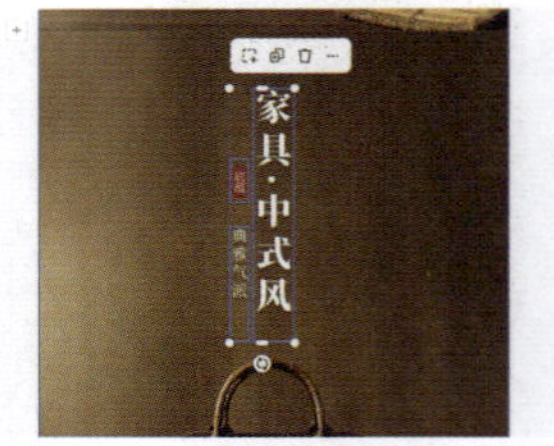

图13-51　选择标题

点击右键，选择“成组”命令，如图13-52所示。

将标题改为如图13-53所示的内容。

海报效果如图13-54所示。

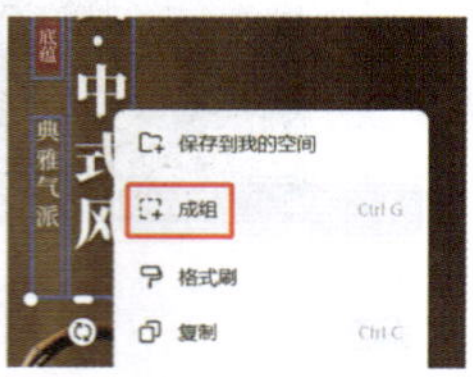

图13-52　成组

图13-53　修改文本内容

图13-54　海报效果

（3）方案3

本方案效果如图13-55所示。

我们在画板的面板中，选中该画板点击右键，再选择“创建副本”命令，如图13-56所示，此时就会多复制出来一个一样的画板。

点击右键，删除背景图，如图13-57所示。

图13-55　方案效果

图13-56　创建副本

图13-57　删除背景图

再将侧面效果的手提袋效果图放入，如图 13-58 所示。

点击右键，将其移到底层，如图 13-59 所示。

再锁定该图层，如图 13-60 所示。

图 13-58　导入素材

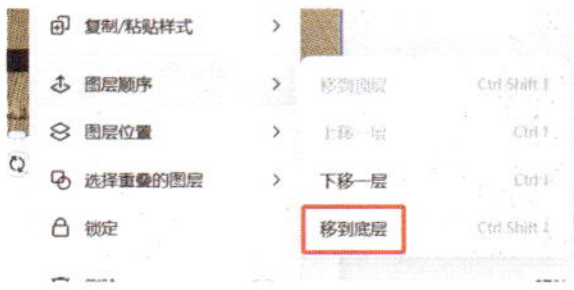

图 13-59　移到底层

图 13-60　锁定

我们将文字框选，移动到右侧位置，如图 13-61 所示，这张效果图就制作完成了。

图 13-61　效果完成

13.2.3　电商护肤包装宣传物料设计

（1）案例 1

下面来制作一个案例，案例效果如图 13-62 所示。

在堆友的经典生图中，切换到“自由模式”，如图 13-63 所示。

将“底层模型”切换到“马丁的新宇宙”，如图 13-64 所示。

图 13-62　案例效果

图 13-63　自由模式

添加 3 个增益效果，并将参考程度参数分别设置为 0.3、0.3、0.4，如图 13-65 所示。

输入提示词，如图 13-66 所示。

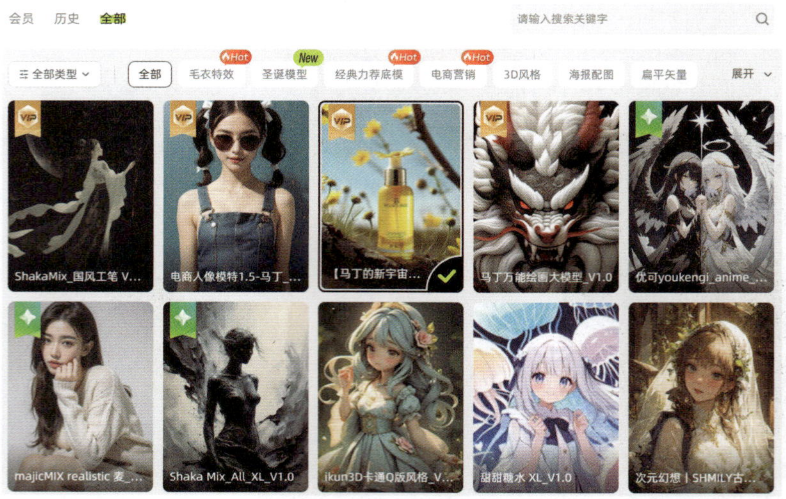

图 13-64　底层模型

图 13-65　增益效果

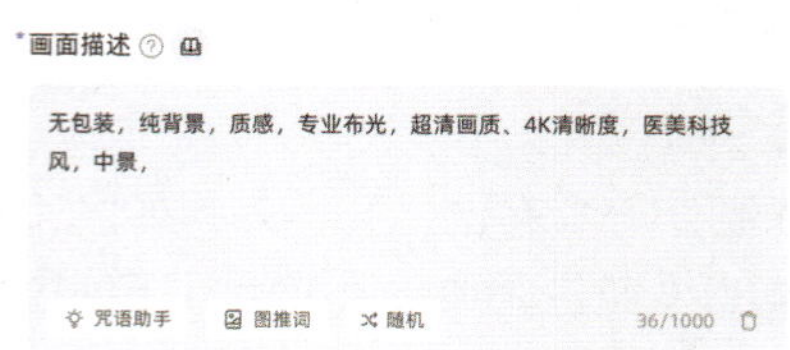

图 13-66　提示词

AI生成了四个相似的结果，如图 13-67 所示。

图 13-67　生成效果

搜索“产品营销小红书配图美妆护理”关键词。选择如图 13-68 所示的海报。

打开这个设计图，如图 13-69 所示。

我们将之前生成的图导入稿定之中，如图 13-70 所示。

使用 AI 扩图功能，点击右下方的“开始扩图”，如图 13-71 所示。

图 13-68　选择模板

图 13-69　打开设计图

图 13-70　添加素材

扩图完成以后，点击“应用”按钮，如图 13-72 所示。

图 13-71　开始扩图

图 13-72　应用扩图

将图片置于底层，然后锁定这张背景图，如图 13-73 所示。

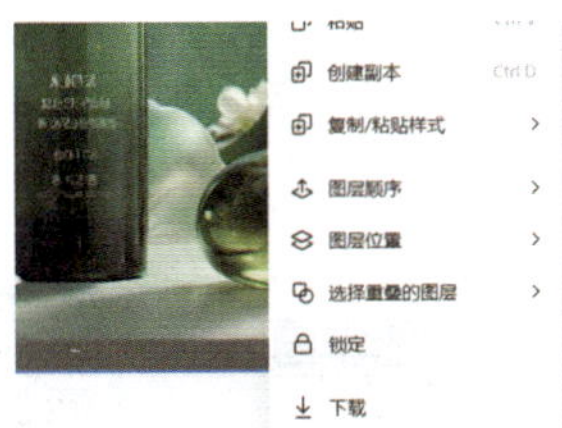

图 13-73　锁定

顶部的这个标题使用的是“思源宋体粗体”，如图 13-74 所示。

图 13-74　字体设置（一）

下方的副标题使用的是“OPPOSans M”字体，如图 13-75 所示。

图 13-75　字体设置（二）

这里的促销信息同样使用“OPPOSans M”字体，如图 13-76 所示。

图 13-76　字体设置（三）

下面我们来制作圆形的背景，作为促销信息的背景，如图 13-77 所示。在左侧的“添加”面板中，选中“圆形”。

键盘按住 Shift 键，鼠标拖拽左键，如图 13-78 所示，就可以创建一个灰色的默认圆形。

在右侧的属性面板中，将其“填充”颜色，设置为 #509b3e 绿色，如图 13-79 所示。

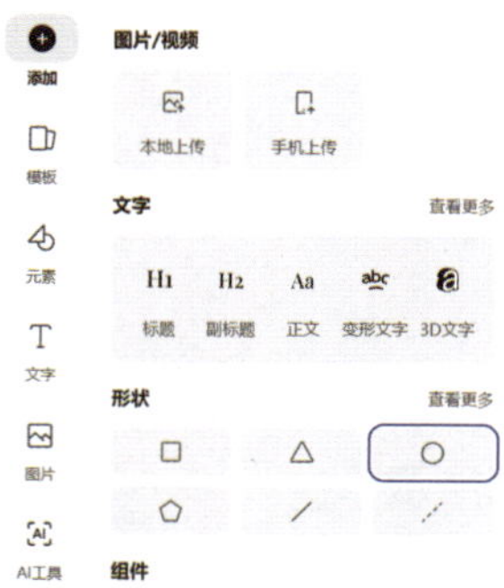

图 13-77　添加形状

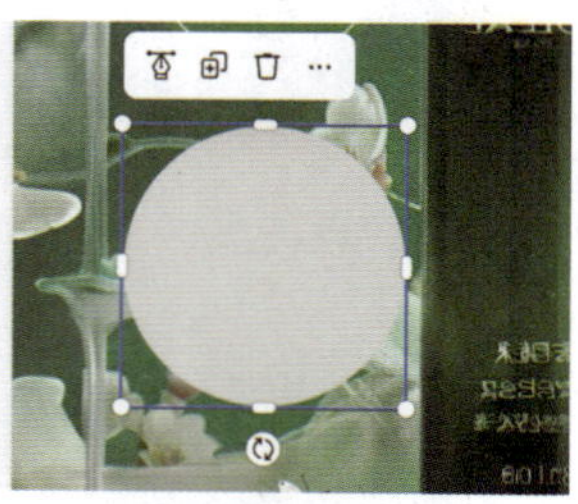

图 13-78　添加圆形

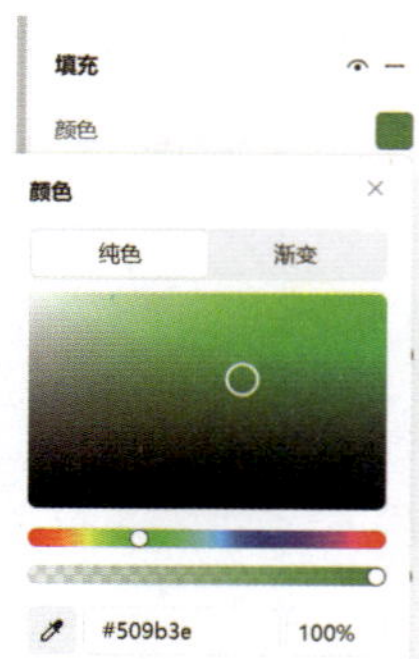

图 13-79　修改颜色

将它的不透明度设置为 60，如图 13-80 所示。

图 13-80　不透明度

此时，这个绿色的圆形就是一个半透明的状态，如图 13-81 所示。

复制一份出来，并且缩小形状，如图 13-82所示。

去除填充效果，设置描边为白色，粗细 2，如图 13-83、图 13-84 所示。

图 13-81　半透明圆形

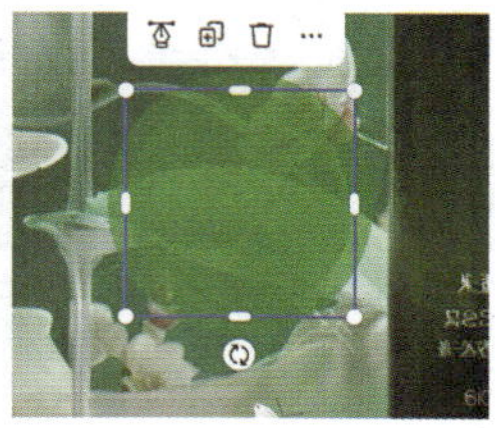
图 13-82　复制形状

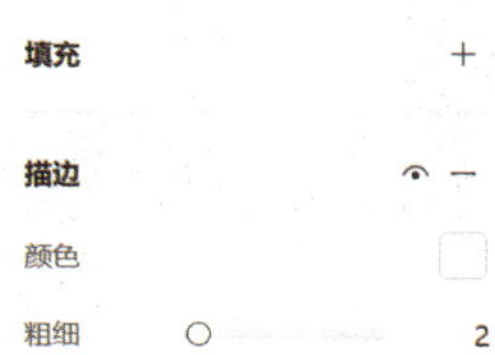

图 13-83　设置描边

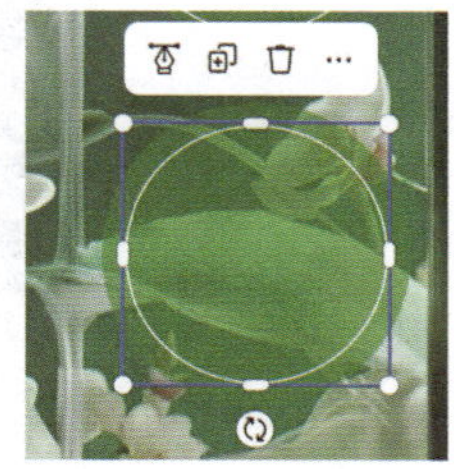
图 13-84　描边效果

将之前的促销文字移入其中，如图 13-85 所示，这样一个小的促销信息就完成了。

关于字体标题，还有一些细节之处需要注意一下，如图 13-86 所示。

在右侧的属性面板中，选择“投影”，如图 13-87 所示。不透明度设置为 100，偏移设置为 3、−90° ，模糊度设置为 8。

图 13-85　添加文本信息

图 13-86　处理细节

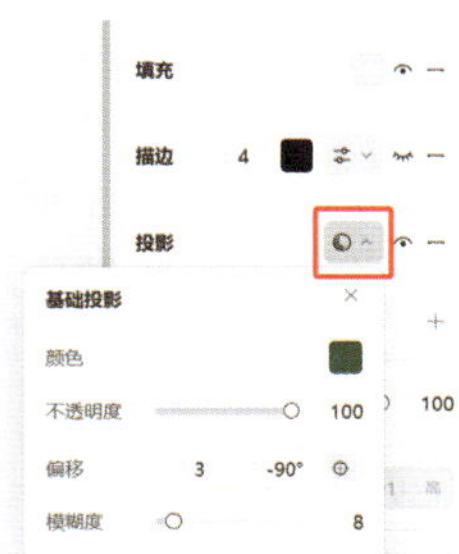

图 13-87　基础投影

本案例的效果如图 13-88 所示。

（2）案例 2

下面来制作一个新的案例，如图 13-89 所示。

图 13-88　案例效果

图 13-89　案例效果

底层模型选择“马丁万能绘画大模型”，如图 13-90 所示。

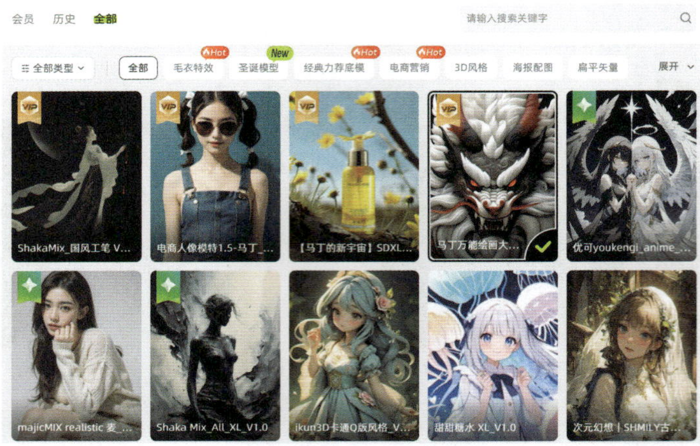

图 13-90　底层模型

增益效果选择“儿童玩具”与“美妆类产品场景”，如图 13-91 所示。参考程度参数分别设置为 0.4 与 0.7。

将下面的提示词翻译为英文，放入文本框之中，如图 13-92 所示。

提示词：电子商务产品摄影，一瓶香水漂浮在空中，金色的丝绸衬托着香水，多少朵雏菊散落在香水周围，一个亚洲女孩美丽的脸庞映在背景中，Dundar 光效，景深，杰作，最佳品质，高清晰度，高细节。

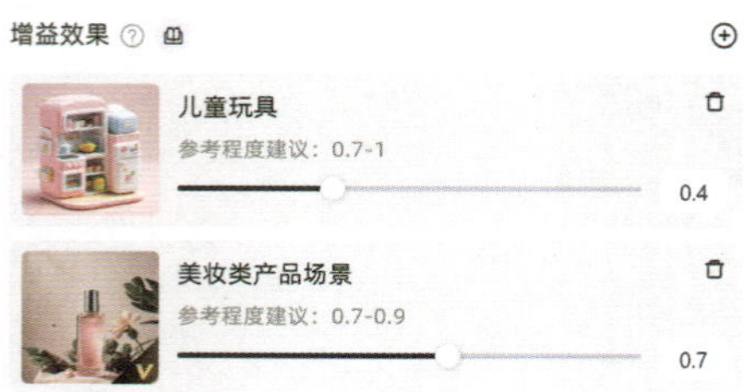

图 13-91　增益效果

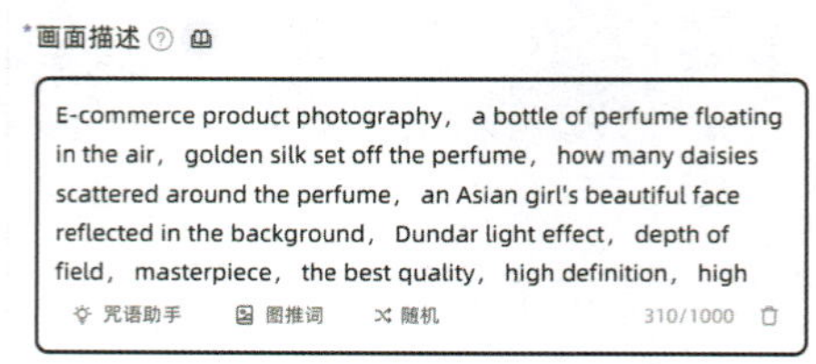

图 13-92　提示词

得到的效果图如图 13-93 所示。

下面进入稿定设计，搜索“美容美妆产品营销”，选择框选的设计图，如图 13-94 所示。

图 13-93　AI 生成效果

图 13-94　选择模板

这是一个包含多张画板的产品详情图，我们只需要第一张商品详情主图，删除其余的画板，如图 13-95 所示。

删除之后，仅剩一张画板，如图 13-96 所示。

图 13-95　删除多余画板

图 13-96　查看画板

删除背景图，如图 13-97 所示。

达到的效果，如图 13-98 所示。

选择中间的商品图，删除，如图 13-99 所示。

拖拽之前 AI 生成好的效果图，如图 13-100 所示。

图 13-97　删除背景

图 13-98　无背景效果

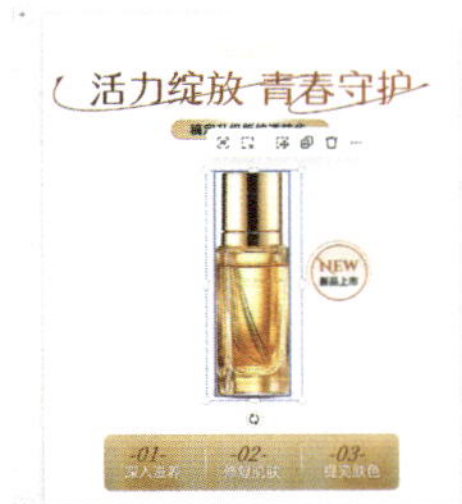

图 13-99　删除商品图

图 13-100　导入素材

将其放大，左右两侧刚好超出画板，如图 13-101 所示。

将这张图片移动到底层，如图 13-102 所示。

得到的效果图，如图 13-103 所示。

图 13-101　放大素材

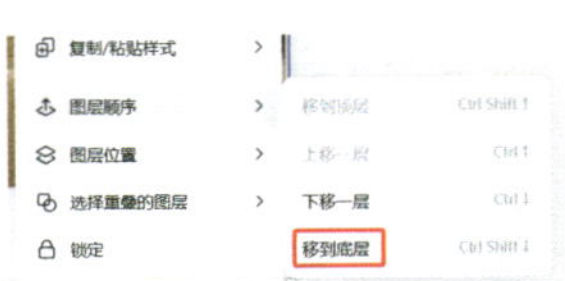

图 13-102　移到底层

图 13-103　大致效果

由于之前已经放大了图片，所以需要给该图片提升一下清晰度，如图 13-104 所示。

再调节标题的相关文案，如图 13-105 所示。

根据需求导出图片，如图 13-106 所示。

效果图如图 13-107 所示。

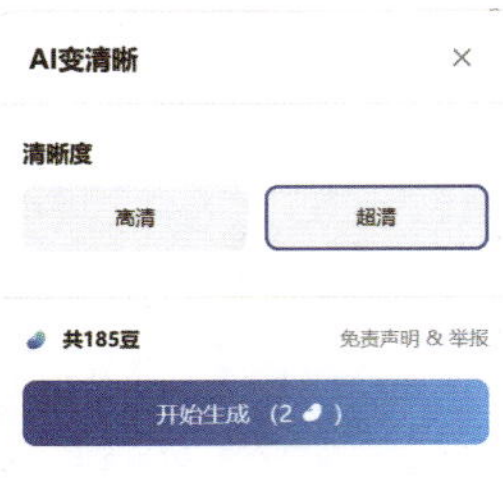

图 13-104　AI 图片放大

图 13-105　修改标题文案

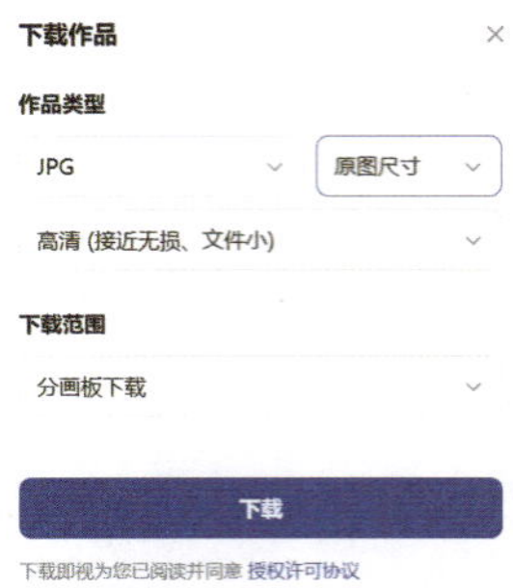

图 13-106　导出作品

图 13-107　效果图

（3）拓展案例，举一反三

我们再来讲解一个类似的案例，大家可以根据这个案例与之前学到的内容，举一反三制作出更多类似的效果。

在稿定设计中，搜索“美妆护理”，如图 13-108 所示，选择被框选的设计稿。

图 13-108　选择设计稿

添加到画板以后，可以查看完整效果，如图 13-109 所示。

移除这个设计的商品图与背景，得到下方的文字与装饰效果，如图 13-110 所示。

将之前生成的图片拖曳过来，并且放大到左右两侧刚好超出的大小，如图 13-111 所示。此时会发现文字部分已经难以看清。下面就来处理这些文字和相关的装饰内容。

将文字调整到亮度更大的颜色，并且色相选为偏红黄色，如图 13-112 所示。大家可以根据自己的色彩感受，自行选择颜色。

下方的文字与装饰也设置为同样的颜色，如图 13-113 所示。

在左侧的“添加”选项卡中，使用方形形状，如图 13-114 所示。

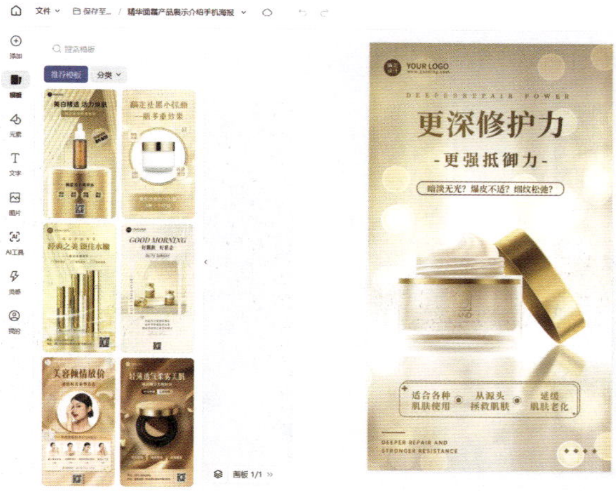

图 13-109　查看效果

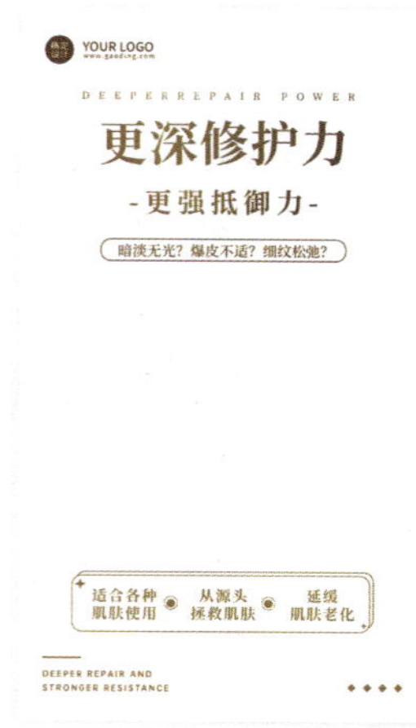

图 13-110　移除背景与商品图

图 13-111　导入图片素材

图 13-112　修改色彩（一）

图 13-113　修改色彩（二）

图 13-114　添加方形

拖曳到海报中，如图 13-115所示。

将形状设置为亮色，圆角设置为 100，如图 13-116、图 13-117 所示。

不透明度设置为 60，如图 13-118 所示。

将矩形里面的文字选中以后，调整到最上层，并且

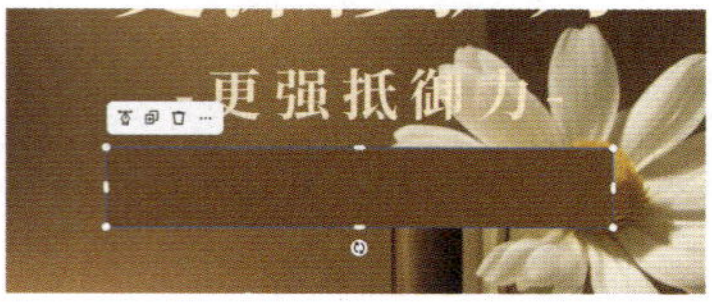

图 13-115　拖曳形状

图 13-116　设置圆角

图 13-117　圆角矩形效果

图 13-118　设置不透明度

设置为深黄色，如图 13-119 所示。

上面的内容色彩调整好以后，就开始调整设计稿下方的内容，如图 13-120 所示。

图 13-119　修改文字颜色

图 13-120　上方内容修改完成

将文字选中，如图 13-121 所示，在右侧的属性面板中，调整颜色。

将其设置为之前的颜色，色彩的下方会有最近使用的颜色，如图 13-122 所示。如果找不到，就直接在下方输入色号 #ffdfa0。

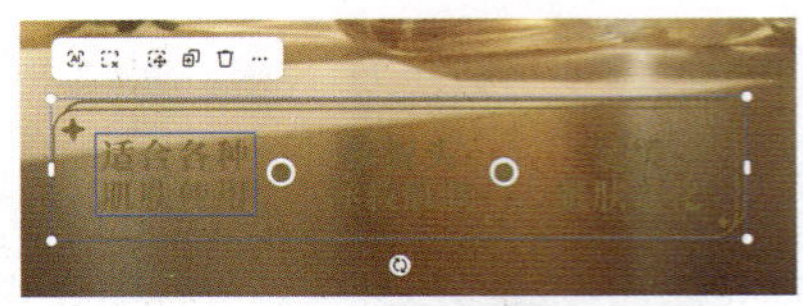

图 13-121　选中文字

色彩不要选得太多，尽可能地少用一些颜色，要保持整个海报设计的一致性，如图 13-123 所示。

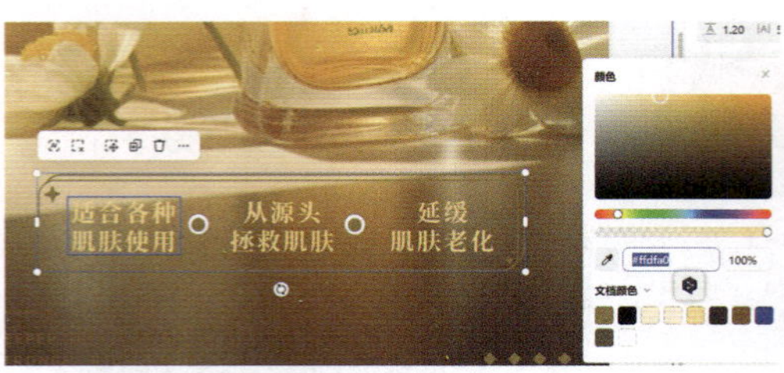

图 13-122　调整颜色

图 13-123　调整颜色

文字颜色、方框与装饰颜色调整后，效果如图 13-124 所示。

再将左下角的文字与装饰颜色统一一下，如图 13-125 所示。

图 13-124　颜色修改完成

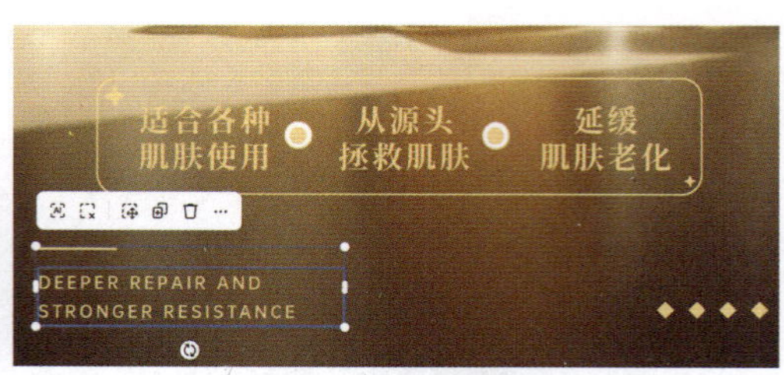

图 13-125　统一颜色

左下角的文字字体与颜色，如图 13-126 所示。

调整完成后，得到的海报效果，如图 13-127 所示。

图 13-126　修改颜色

图 13-127　海报效果

13.3 实战演练：商品与场景融合

之前我们已经学习了如何使用 AI 来制作效果图，也对它们进行了版式设计，但这样的工作流程也存在一些缺陷。商品主体并不是我们给定的，而在工作之中，一般都会需要对一个特定的商品进行美化处理。下面我们就来介绍这一个进阶流程，这个流程需要结合之前的技能。这个流程是我们自己拍摄商品得到商品图，抠图以后，再融入一个 AI 生成的场景之中。

13.3.1 AI商品图

在堆友的顶部菜单栏中，有一个“AI 工具箱”，在这里有许多实用的 AI 工具，比如顽兔抠图、一键消除、AI 商品图、鹿班营销图、创意融合、AI 艺术字等等。先选择“AI 商品图”这个功能，如图 13-128 所示。

图 13-128　AI商品图

点击进入 AI 商品图以后，就来到了它的工作台，如图 13-129 所示，左侧是参数面板，右侧是生成结果。

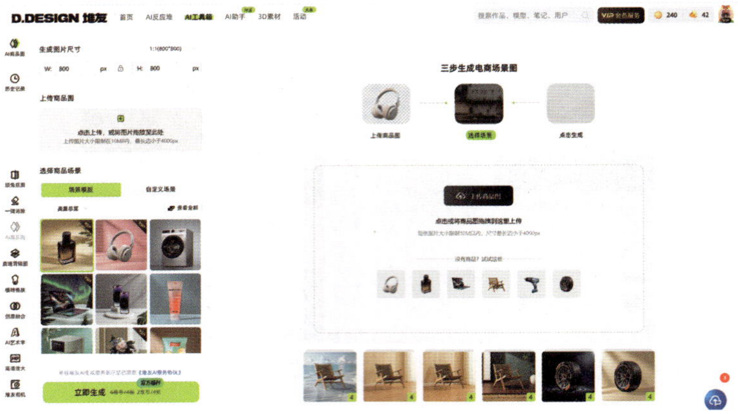

图 13-129　工作台布局

制作 AI 商品图主要有三个步骤，第一步上传背景透明的已经抠图完成的商品图，第二步，选择场景，第三步点击生成，如图 13-130 所示。第一步如果没有抠图，可以选择堆友中的 AI 抠图功能。我们现选择软件中给出的一些参考图来学习整个工具的使用方法。

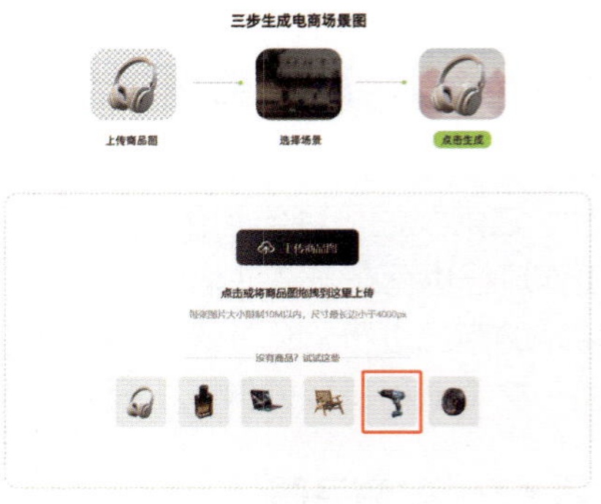

图 13-130　参考图

选择好电钻商品图以后，右侧会显示背景透明的图片，如图 13-131 所示，左侧则是当前的参数。

在右侧的图片视窗中，可以选择这个主体物，进行移动、缩放、旋转的操作，如图 13-132 所示。

图 13-131　工作台

我们首先使用默认的场景模板，选中洗衣机的背景，如图 13-133 所示，再点击下方的立即生成按钮。

生成完成，AI 就会比较自然地将背景与主体物进行融合，如图 13-134 所示。但是可能会有一些瑕疵，需要手动用 PS 再做细节处理。

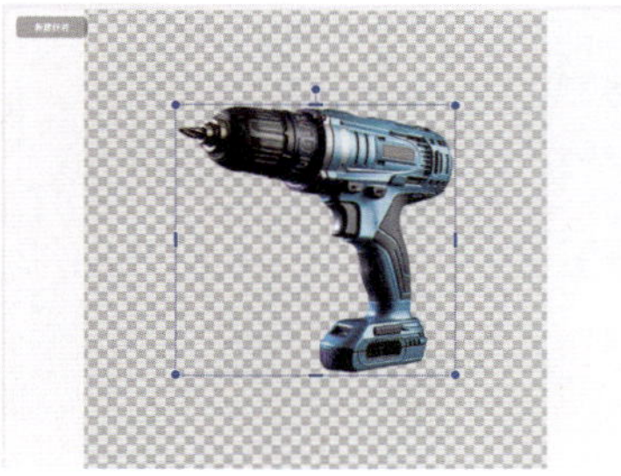

图 13-132　图片操作

图 13-133　场景模板

图 13-134　背景融合

切换到“自定义场景”，在这里，系统也给我们提供了不少模板，我们先用系统模板来生成结果，如图 13-135 所示。在右侧可以看到预览效果，但不是最终效果。

图 13-135　自定义场景

生成以后，可以看到最终效果，如图 13-136 所示，可以看到场景和主体物有了比较自然的融合与过渡。

图 13-136　融合过渡

13.3.2 自定义商品

（1）AI 融合

接下来，我们更进一步，使用自己准备好的一张图片作为商品图，如图 13-137 所示，点击加号按钮，上传图片素材。

这是一张背景透明的喷雾产品图，如图 13-138 所示，将其上传到堆友中，为它添加背景。内容上传完成，如图 13-139 所示。

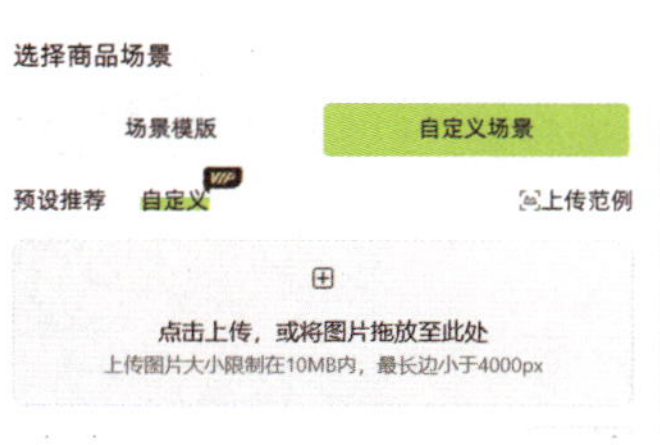

图 13-137　自定义场景

图 13-138　商品图

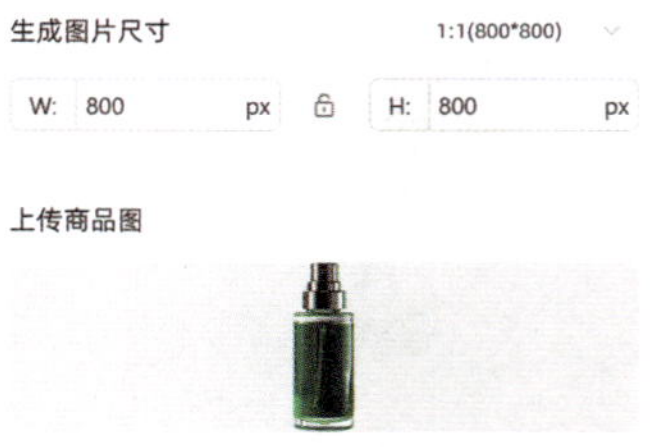

图 13-139　上传商品图

切换为“自定义场景”选项卡，选择一个森林的背景，如图 13-140 所示。

将商品图缩小并放置在展台之上，如图 13-141 所示。

图 13-140　选择场景

图 13-141　调整商品图与背景的关系

再点击下方的“立即生成”按钮，如图 13-142 所示。

得到的融合效果图，如图 13-143 所示。

图 13-142　立即生成

图 13-143　融合效果图

(2) 版式设计

在稿定设计中，选中“电商”模块，如图 13-144 所示。

再点击“电商横版海报”，如图 13-145 所示。

图 13-144　电商模块

图 13-145　电商横版海报

此时稿定设计会给我们推荐海量的横版电商海报，如图 13-146 所示。

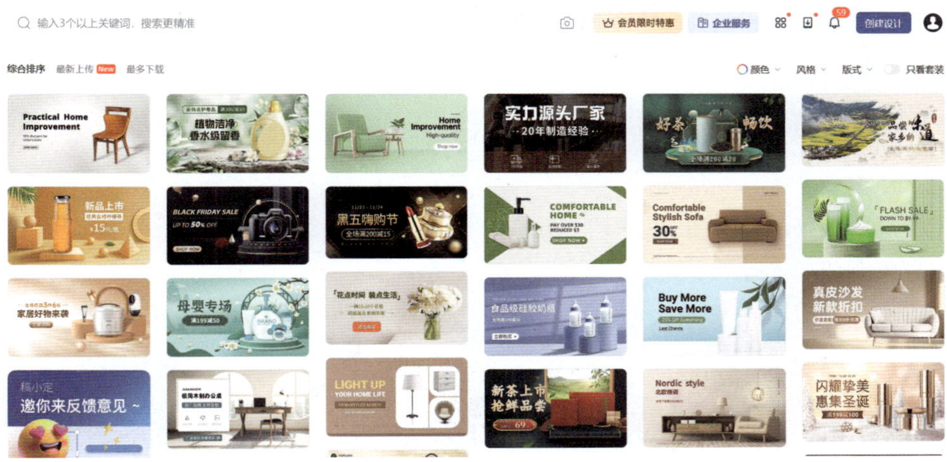

图 13-146　横版海报素材

选中其中的一个比较符合目标的元素，点击进入工作台，如图 13-147 所示。

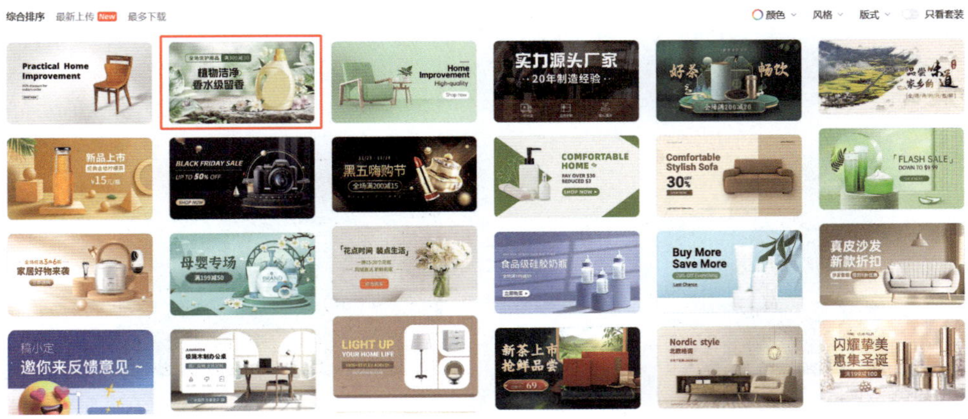

图 13-147　选择目标

进入工作台页面以后，左侧可以看到相关其他模板的推荐，中间是视图窗口，右侧则是属性面板，如图 13-148 所示。

我们将中间的主体物和背景全部删除和移除，如图 13-149 所示。

图 13-148　工作台页面

拖曳导入背景图，如图 13-150 所示。

将这张图放大，并置于底层，如图 13-151 所示。

图 13-149　移除背景与主体物

图 13-150　导入图片素材

图 13-151　拖曳放大

让 AI 给我们扩图，如图 13-152 所示，填充画面左侧的内容。

扩图完成，点击右下角的“应用”按钮，如图 13-153所示。

图 13-152　AI 扩图

图 13-153　应用效果

再点击“AI 变清晰”，让这张背景图更加清晰，有细节，如图 13-154 所示。

选择超清模式，如图 13-155 所示。

将装饰元素移动到指定位置，如图 13-156 所示。再来调整文字和装饰部分。

图 13-154　AI变清晰

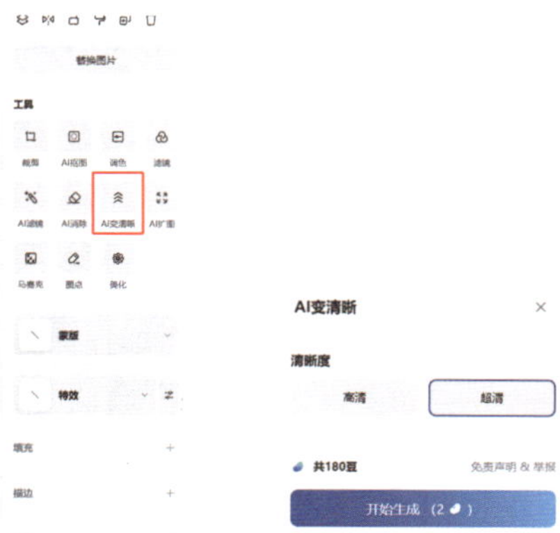

图 13-155　超清模式

背景和标题都是深色偏绿，如图 13-157 所示，所以我们需要修改这些元素的颜色，让它们的辨识度更高。在这里，调整颜色的思路，首先思考明度，再思考色相，最后思考饱和度。明度需要提升，色相需要偏黄绿色，饱和度适中。

根据上述的思路，颜色调整为如图 13-158所示的样子，辨识度提高了，并且也能匹配上画面氛围。

图 13-156　基本构图完成

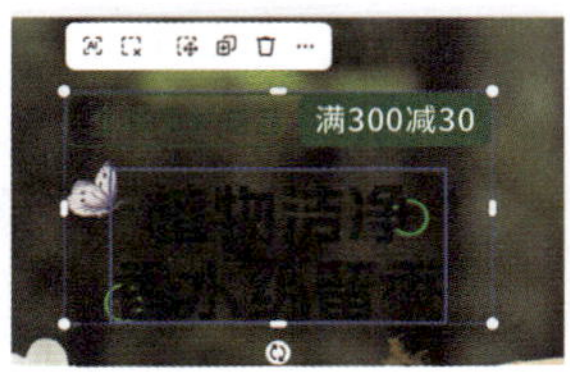

图 13-157　选中标题

图 13-158　修改颜色

在选择颜色的时候，尽量不要挑选过多的颜色，这样可能会导致画面太花哨。如图 13-159 所示，两个颜色一个是作为背景的黄褐色，另外一个是明度较高的浅黄色。

调整完成以后，海报效果，如图 13-160 所示。

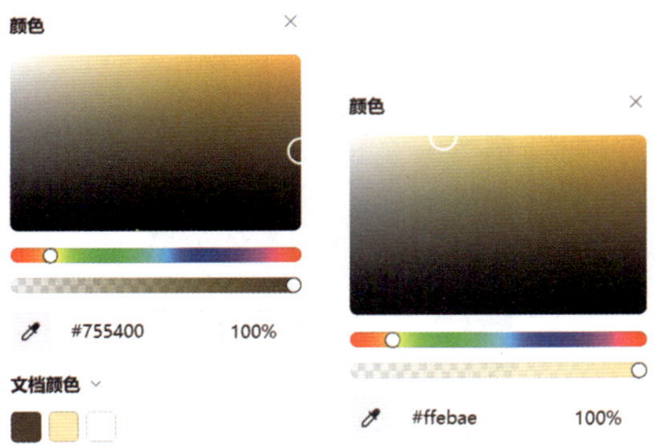

图 13-159　色彩值

图 13-160　海报效果

13.3.3　自定义商品与场景

下面我们更进一步了解商品图与背景图融合。本案例将完全手动生成背景，并且使用自己的商品图。首先，使用堆友平台的 AI 经典生图，切换到“自由模式”，如图 13-161 所示。

图 13-161　自由模式

选择“电商数字森林”作为底层模型，如图 13-162所示。

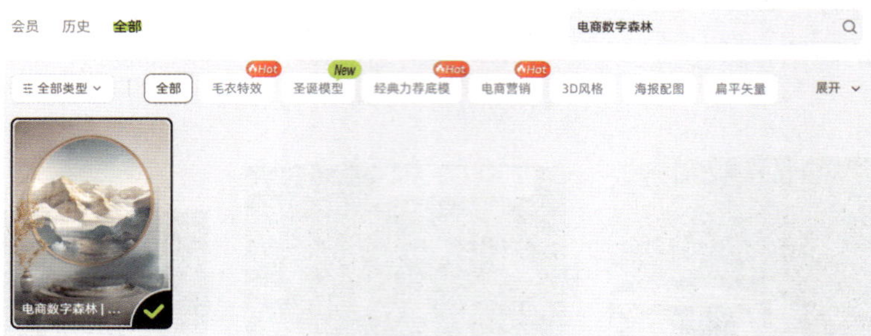

图 13-162　底层模型

增益效果使用“怪兽图鉴 1.0-- 游戏怪物设计”，参考程度设置为 0.7，如图 13-163 所示。

让 AI 帮我们生成一个超现实的场景，提示词如图 13-164 所示。

得到如图 13-165 所示场景图。

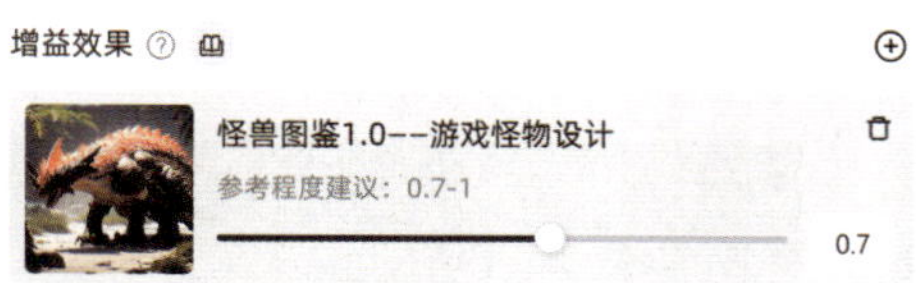

图 13-163　增益效果

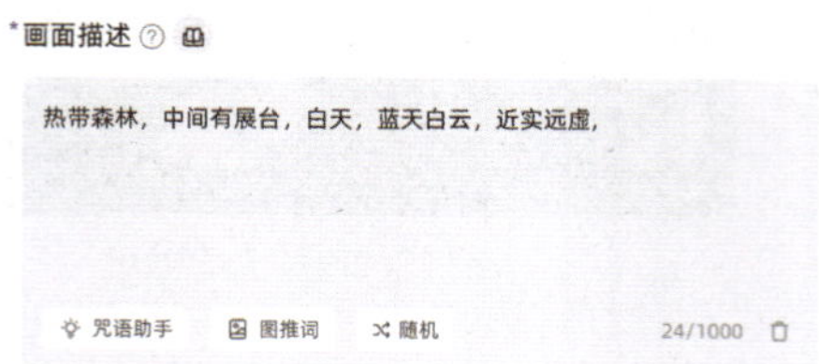

图 13-164　输入提示词

图 13-165　AI 生成图片

如图 13-166 所示是我们实拍的一张素材图，背景是纯白色。接下来，我们将这张商品图和背景图相融合。

在堆友的 AI 工具箱中，选中“AI 商品图”，如图 13-167 所示。

图 13-166　商品素材图

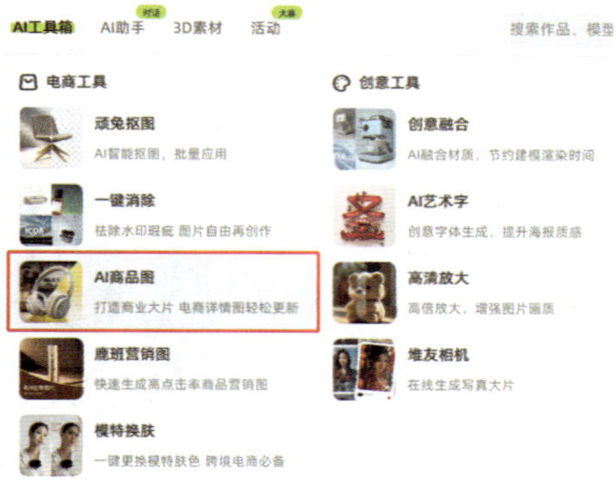

图 13-167　AI商品图

将实拍图上传到“商品图”之中，如图 13-168 所示。此时，AI 将自动抠图。

图 13-168　自动抠图

切换到“自定义场景”选项卡，如图 13-169 所示。

上传刚才 AI 生成好的背景图片，如图 13-170 所示。

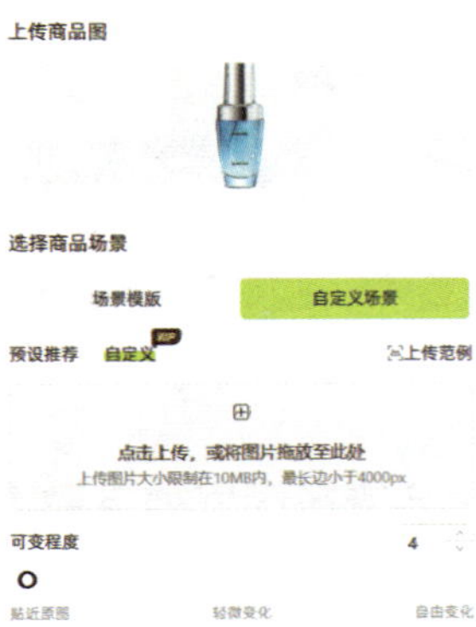

图 13-169　自定义场景

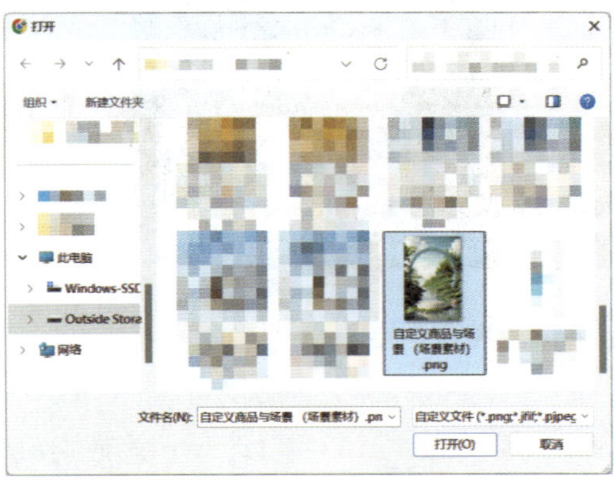

图 13-170　上传背景图

参数保持默认，如图 13-171 所示。

商品图与背景图的位置也保持默认，如图 13-172 所示。

生成效果如图 13-173 所示。但是商品图并没有放置在展台之上，下面我们调节一下二者的位置。

图 13-171　自定义场景

图 13-172　保持默认

图 13-173　生成效果

将商品图缩小，背景图向上移移动，让展台与商品有接触，如图 13-174 所示。

再次点击生成，得到的效果如图 13-175 所示。

在融合参数中，有一个“可变程度”值得学习。默认状态下是 4，此时背景是接近原图的效果。如图 13-176 所示，我们将这个值设置为 7。AI 在进行融合的过程中，可能会对背景产生小幅修改。

图 13-174　调整背景与商品图大小

图 13-175　生成结果

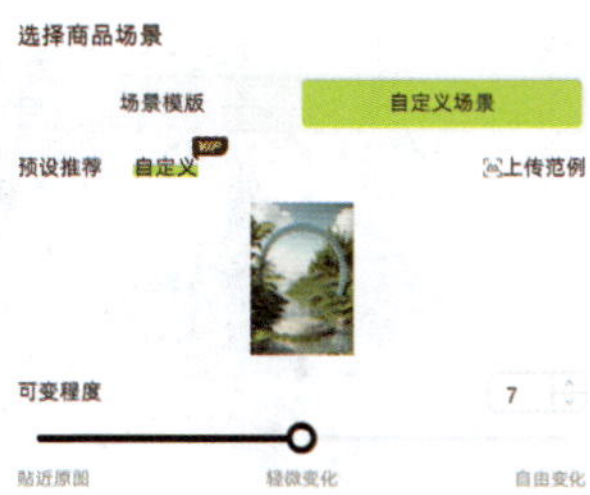

图 13-176　可变程度为 7

得到图 13-177 效果，可以看到展台与水面等内容都发生了比较多的细致变化。

将“可变程度”设置为 10，如图 13-178 所示，这时候 AI 可能会自由修改背景图。

图 13-177　生成结果

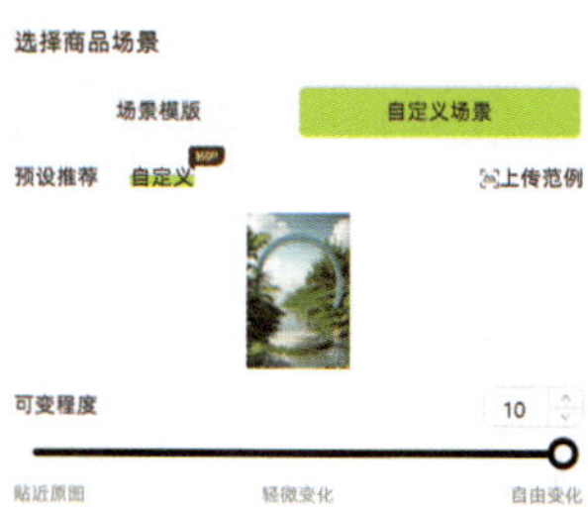

图 13-178　可变程度为 10

此时我们得到如图 13-179（b）所示的效果，与最初的贴近原图的效果有比较大的差异［图 13-179（a）］，与原始背景图［图 13-179（c）］也产生了较大差异。

（a）可变程度为 4　（b）可变程度为 10　（c）原始背景图

图 13-179　生成结果

13.4 实战案例：商品营销图

13.4.1　AI 商品主图

在稿定设计的首页，找到“AI 设计”，如图 13-180 所示。

图 13-180　AI 设计

此时，会跳转到稿定设计中的各类 AI 设计模块，如图 13-181 所示，包含了小红书、电商、新媒体、私域。我们还可以用稿定内置的 AI 工具绘图、绘制素材、撰写文案。

下面我们来了解稿定 AI 中的电商部分，如图 13-182 所示，包含了商品主图、竖版电商海报、横版电商海报、产品营销图等等。点击“商品主图”，跳转至相应工作台。

左侧是相关参数，右侧是备选方案，如图 13-183 所示。

在左侧 AI 自动填充相关的内容，这些内容都是可以手动修改的，如图 13-184 所示，点击下方的“开始生成”按钮，系统会自动生成若干张商品主图。

图 13-181　AI 设计模块

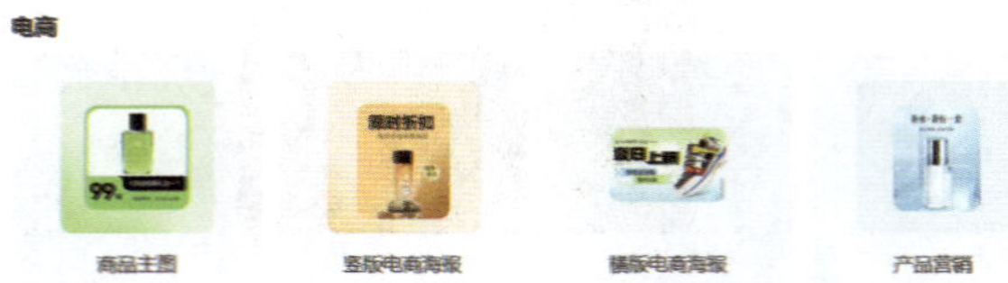

图 13-182　AI 设计电商

图 13-183　页面布局

图 13-184　生成图片

生成的内容中，有一些是不符合我们的需求的，需要手动挑选，如图 13-185 所示。如果对这一批结果不满意，可以点击下方的“换一批结果”按钮。

图 13-185　生成结果

点击以后，系统会快速地给我们生成全新的一批商品图，如图 13-186 所示，点击其中的一个商品主图。

图 13-186　更换一批结果

点击进入工作台，左侧显示的是“模板”选项卡的内容，如图 13-187 所示。

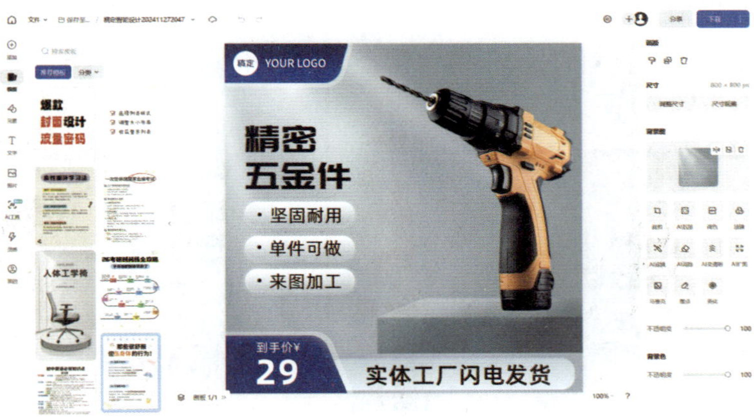

图 13-187　工作台

切换到图层显示，右侧选中所有的元素内容，如图 13-188 所示，这里面所有的内容都是有对应的图层并且可以修改的。

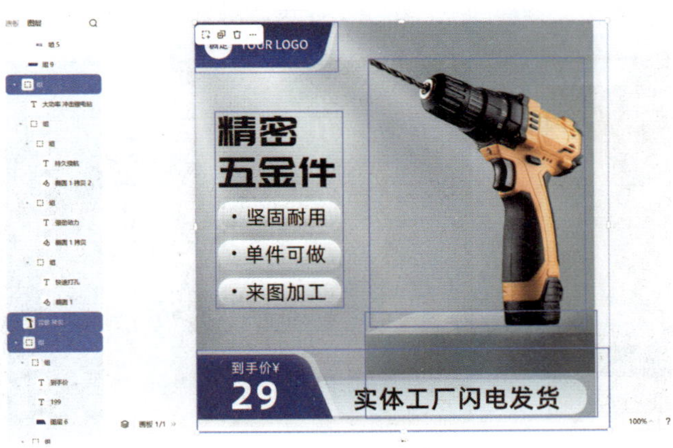

图 13-188　图层

再次切换到“模板”选项卡，再点击右侧的“分类”按钮，如图 13-189 所示。

选择“电商”分类下的“主图图标”，如图 13-190 所示。

此时就可以筛选出主图图标，任选其中的一个，就可以打开，也可复制替换到之前的设计之中，如图 13-191 所示。

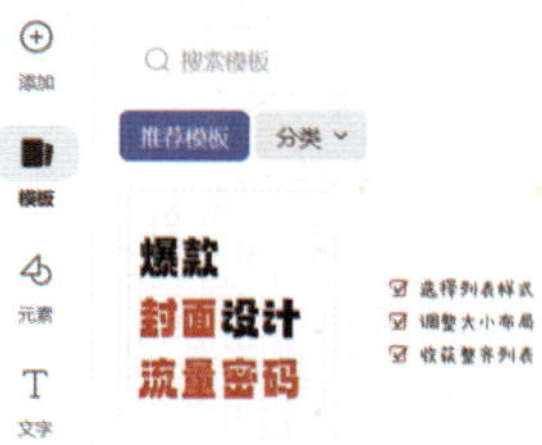

图 13-189　分类

图 13-190　主图图标

图 13-191　复制元素

将其复制到之前的设计中，如图 13-192 所示。

我们把多余的信息删除掉，得到如图 13-193 所示的效果。但是这个主图图标的色彩风格并不合适，我们再更换一个更为合适的图标。

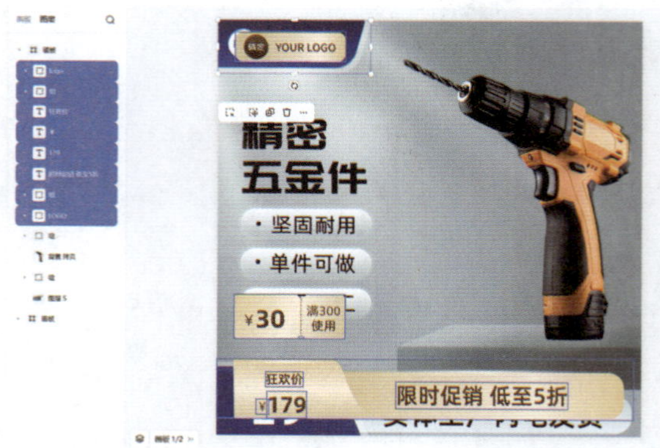

图 13-192　粘贴内容

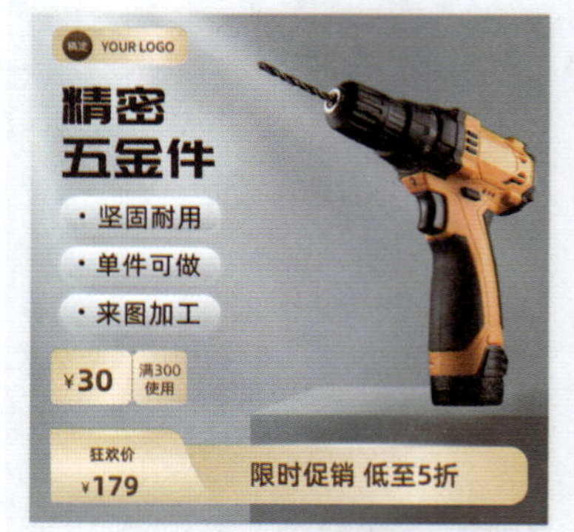

图 13-193　修改思路

选择这个橙黄色色系的主图图标，如图 13-194 所示。

将海报中的其余元素都删除，如图 13-195 所示。

图 13-194　更换主图图标

图 13-195　删除其余内容

再将主图图标复制进来，得到如图 13-196 所示的效果，整个商品营销信息是比较完整的。

我们切换到“商品主图”的分类，如图 13-197 所示，稿定也为设计师提供了大量的主图。

在这里可以挑选许多商品主图场景，如图 13-198 所示。

选中一个商品主图，可以将它选中后复制，如图 13-199 所示。

复制到设计之中，替换之前的商品主图，如图 13-200 所示。但是这个商品的色调是暖色系，我们选择一个中心色调或者冷色系色调的商品。

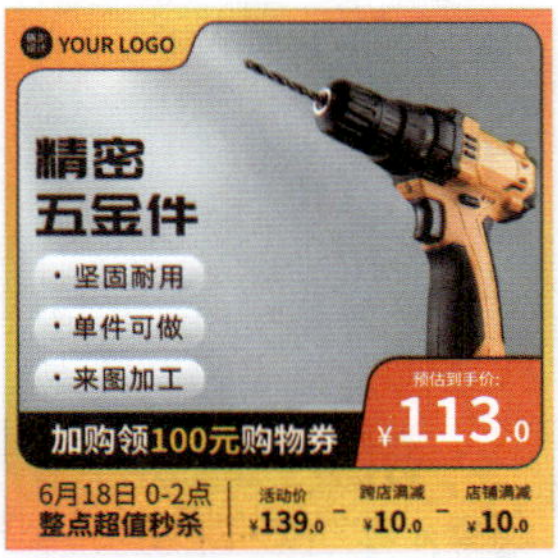

图 13-196　粘贴主图图标

图 13-197　商品主图

图 13-198　商品主图场景

图 13-199　复制商品

图 13-200　粘贴商品

选择这个智能音箱，如图 13-201 所示。

将其粘贴进来，可以做到完美替换，如图 13-202 所示。

下面我们给这张海报添加合适的店铺 LOGO，在“电商”分类中，切换到“LOGO”，如图 13-203 所示。

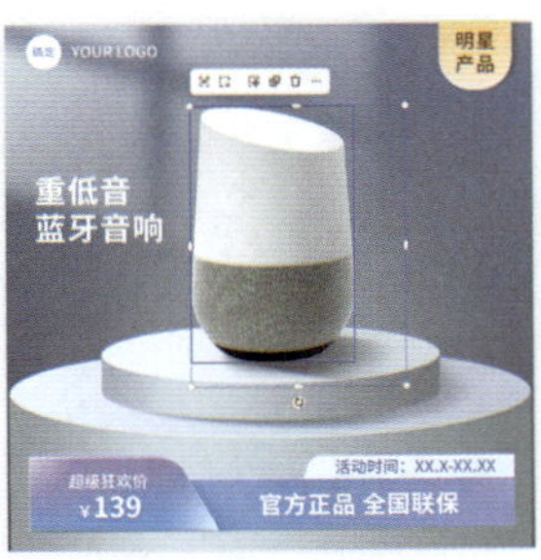

图 13-201　复制商品

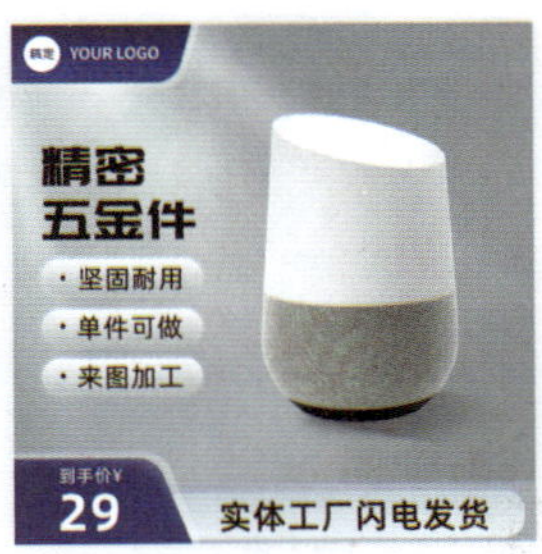

图 13-202　粘贴商品

图 13-203　LOGO

稿定素材提供了海量的 LOGO 供设计师选择，如图 13-204 所示。

在搜索栏中输入“数码”，如图 13-205 所示。

选中一个 LOGO，将其打开后，全选复制，如图 13-206 所示。

复制到商品主图之中的右上角，如图 13-207 所示。LOGO 识别度还不够高，此时给它添加一个背景。

图 13-204　LOGO 素材

图 13-205　搜索

图 13-206　复制 LOGO

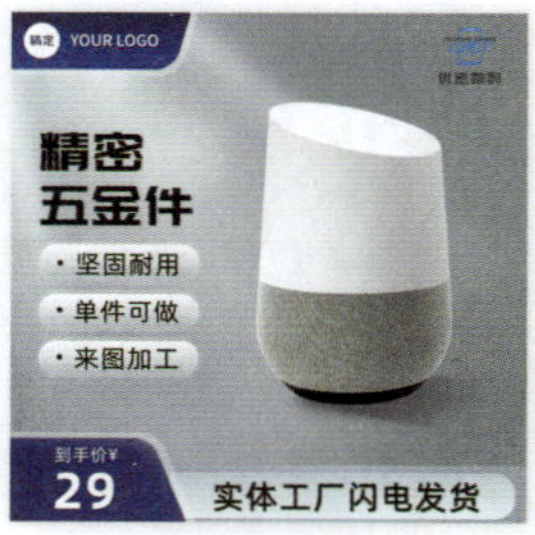

图 13-207　粘贴 LOGO

点击左侧的“添加”按钮，在“形状”中选择方框，如图 13-208 所示。

在商品主图的右上方鼠标左键拖曳出一个长方形，颜色设置为纯白，圆角设置为 30，如图 13-209 所示。

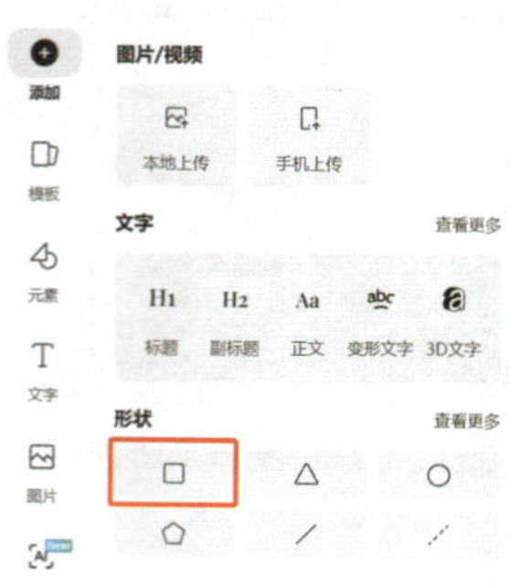

图 13-208　形状工具

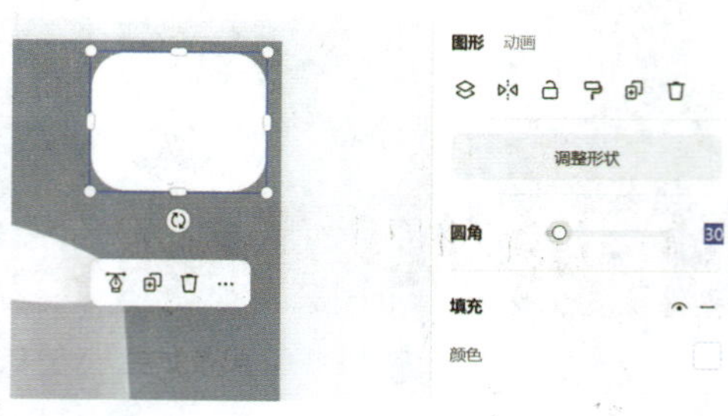

图 13-209　矩形圆角

将这个方形移动到底层，如图 13-210 所示。

再根据自己的需求，调节 LOGO 中的文字，如图 13-211 所示。

最后，调节文案，商品主图就完成了，如图 13-212 所示。

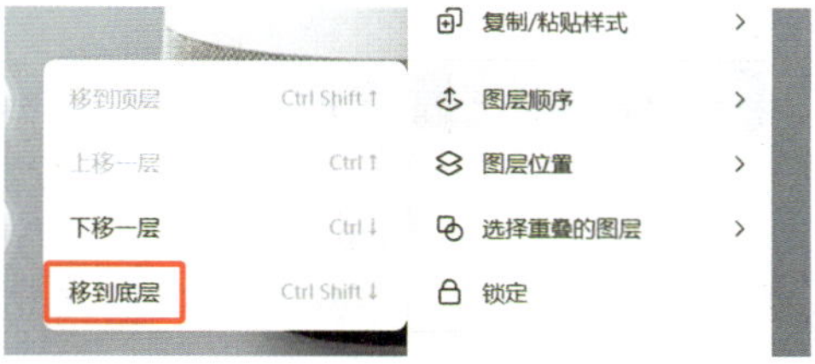

图 13-210　移到底层

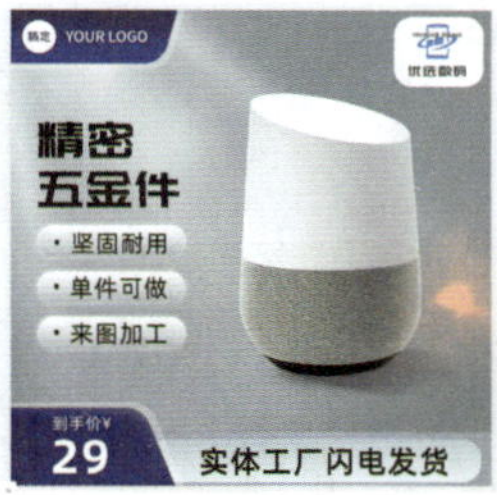

图 13-211　调整 LOGO

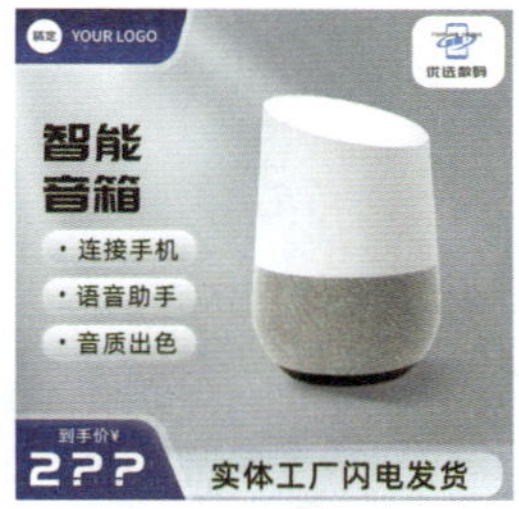

图 13-212　调整文案

13.4.2　竖版电商海报图

（1）案例 1：儿童手表海报

下面我们来制作电商海报，如图 13-213 所示，它分为了竖版和横版，但制作思路是相近的。

选择“竖版电商海报”，如图 13-214所示。

图 13-213　竖版与横版电商海报

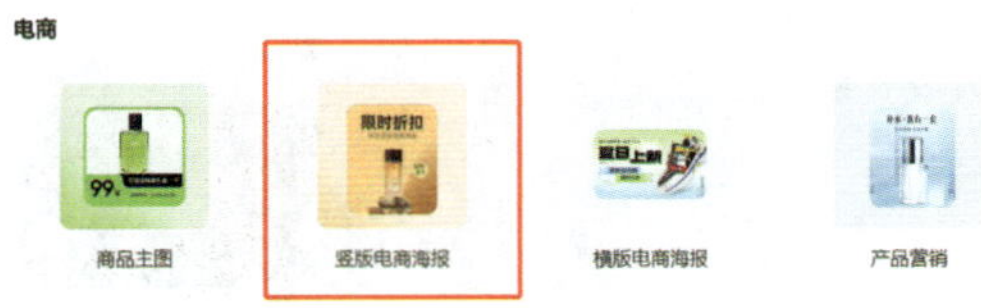

图 13-214　竖版电商海报

进入 AI 设计的工作台，可以手动输入主标题和副标题，也可以让 AI 帮我们生成，如图 13-215 所示。

图 13-215　AI 设计工作台

下方有官方推荐的一些案例，点击“酷炫机械式儿童”手表，如图 13-216 所示。

生成完成以后，点击“生成设计”，如图 13-217 所示。

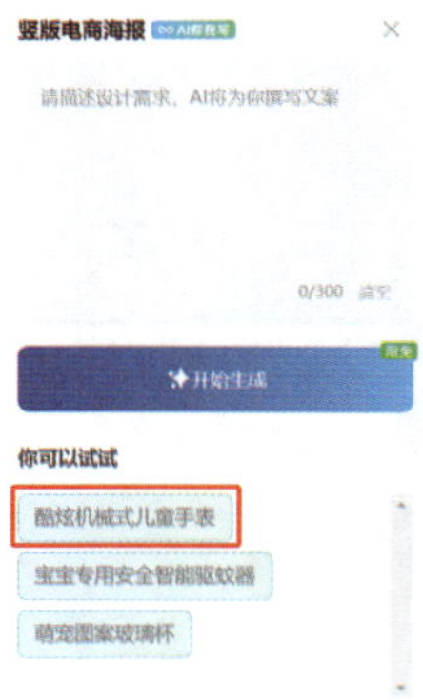

图 13-216　官方推荐案例

图 13-217　生成设计

点击右下角的“开始生成”按钮，在右侧就会出现若干张 AI 生成的海报，如图 13-218 所示。但是，这里会发现一个问题，就是这些海报似乎都没有出现儿童手表商品。所以，让 AI 生成特定商品海报的时候，最好是上传该商品的图片。

图 13-218　生成内容

现在我们去稿定设计的素材库中搜索儿童手表，如图 13-219 所示，选择下方被标记的海报。

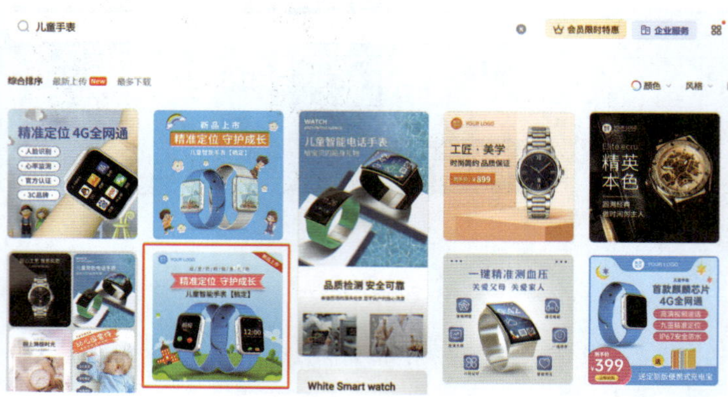

图 13-219　寻找素材

点击进入海报编辑工作台以后，就可以对它编辑，如图 13-220 所示。删除多余的元素，保留其中的一个手表元素。

图 13-220　海报编辑工作台

海报删除多余元素以后的效果，如图 13-221 所示，将其保存到本地。

再跳回到之前的页面，点击“本地上传”按钮，如图 13-222 所示。

图 13-221　删除多余元素

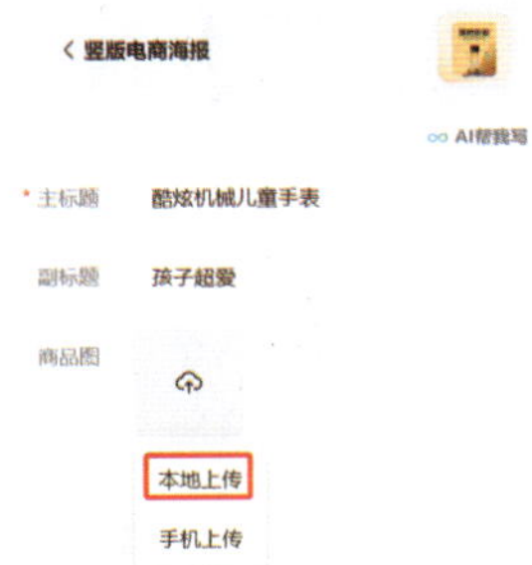

图 13-222　本地上传

选择这张儿童手表图片，如图 13-223 所示。

上传完成以后，再让 AI 生成相关的海报，如图 13-224 所示。

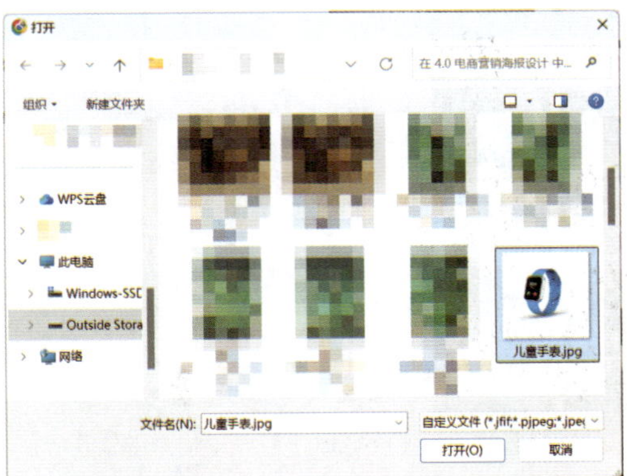

图 13-223　上传图片

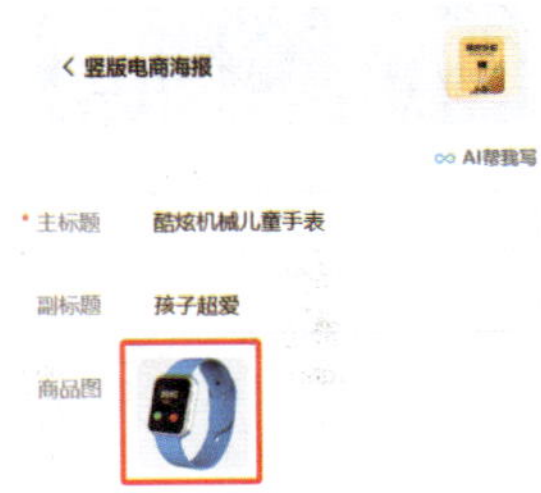

图 13-224　填写文案

此时，AI 就会生成带有商品图的海报，如图 13-225 所示。如果效果不满意，可以点击下方的“换一批结果”按钮。

我们选择被框选的海报，如图 13-226 所示。点击进入工作台。

图 13-225　生成内容

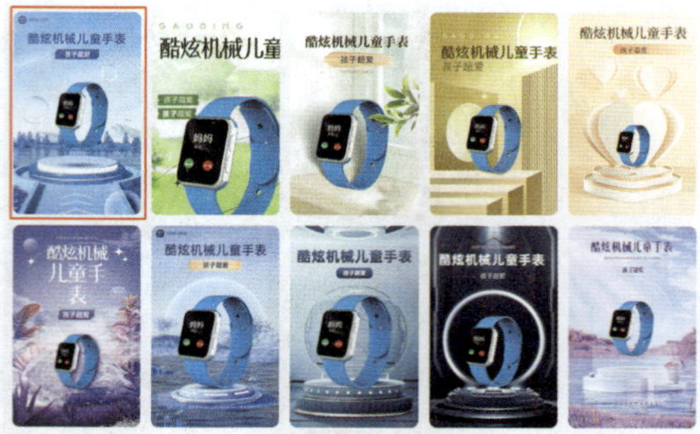

图 13-226　选择海报

将海报导出，制作完成，如图 13-227 所示。

（2）案例 2：毛绒玩具

在这个案例中，我们将会使用 AI 来生成所需的商品图，配合 AI 海报，制作一个完整的电商海报。在主副标题分别输入如图 13-228 所示的内容，让 AI 先生成一些海报效果。

图 13-227　生成结果

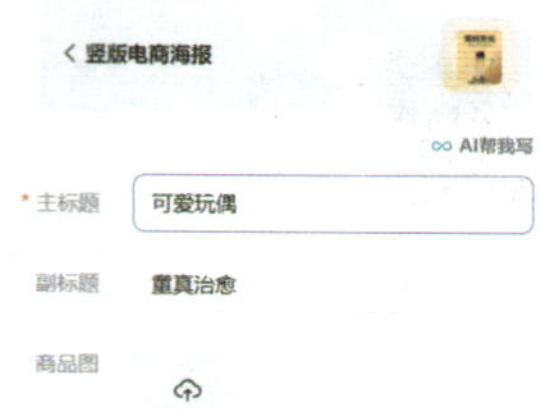

图 13-228　输入文案

生成了如图 13-229 所示的海报内容，但并不是很符合我们的需求。

下面进入堆友的经典生图模式，如图 13-230 所示。

图 13-229　生成结果

图 13-230　经典生图

“底层模型”选择“超写实摄影 XL”，如图 13-231 所示。

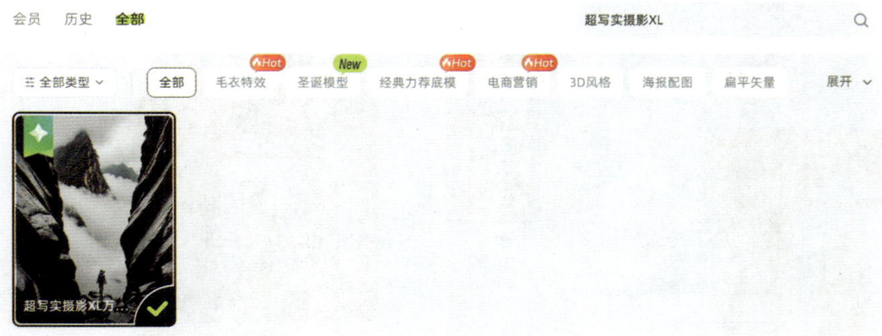

图 13-231　底层模型

增益效果选择两个毛绒玩具的模型，如图 13-232 所示。参数分别设置为 0.6 与 0.5，两个参数之和不要超过 1.2。

输入提示词，如图 13-233 所示。

图 13-232　增益效果

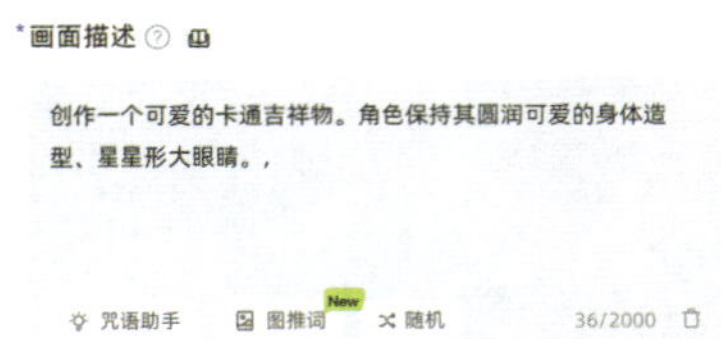

图 13-233　输入提示词

得到一些毛绒玩具的图片，如图 13-234 所示。我们可以挑选一部分，将其作为商品图。

图 13-234　生成结果

虽然稿定 AI 也能够一键抠图，但是在这之前，最好还是处理好图片，将背景去除干净。如图 13-235 所示，点击图片右侧的“一键抠图”按钮。

得到一张背景透明的图片，点击下方的“下载图片（png）”按钮，如图 13-236 所示，将其保存到本地。

图 13-235　一键抠图

图 13-236　下载图片

另外一张毛绒玩具，也使用同样的方法去除背景，如图 13-237 所示，点击图片右侧工具栏中的“一键抠图”命令。

得到一张背景透明的图片，点击下方的“下载图片（png）”按钮，如图 13-238 所示，将其保存到本地。

图 13-237　一键抠图

图 13-238　下载图片

上传图 13-236 中的本地图像，如图 13-239 所示。

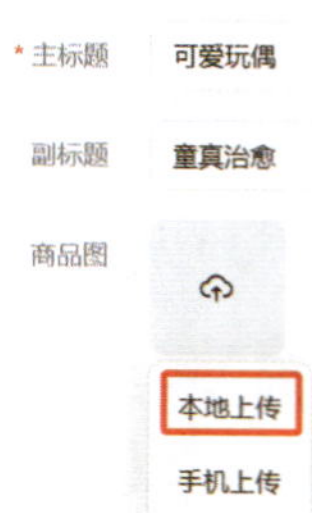

图 13-239　上传本地文件

再次让 AI 生成若干张海报，如图 13-240 所示，选中图中被框选的这张海报，进行进一步的调整。

图 13-240　生成海报

这张海报的元素可以适当进行移动和缩放操作，让画面看起来更加整体，同时突出商品的重点，如图 13-241 所示。

修改好的海报，如图 13-242 所示。

图 13-241　调整位置

图 13-242　最终海报效果

（3）案例 3：公仔玩偶

我们再来尝试另外一张商品图，如图 13-243 所示。设计思路与之前类似。

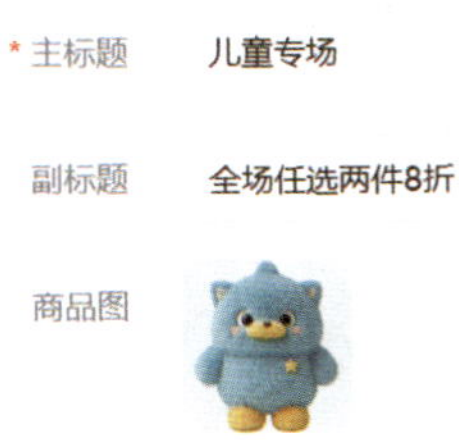

图 13-243　设置参数

让 AI 生成若干张海报，然后选中图中被框选的这一款，如图 13-244 所示。

图 13-244　选择海报

我们对这张海报进行细节处理，突出主体，如图 13-245 所示。
修改好的海报效果，如图 13-246 所示。

图 13-245　细节处理

图 13-246　海报效果